中等职业教育新课程改革教材丛书

U0325452

二维动画设计软件应用

（Flash CS4）

庞 震 主 编

电子工业出版社

Publishing House of Electronics Industry

北京·BEIJING

内 容 简 介

本书采用项目式形式编写，分别介绍动画的原理，图层，绘制与填充图形，图形编辑的常用操作，图形对象的 3D 操作，关键帧动画，传统补间动画，补间形状动画，元件，库，实例等制作 Flash 动画的基本元素，遮罩动画，运动引导层动画，动作补间动画骨骼动画，动画预设功能，中文本动画，导入声音，按钮制作，组件的使用，ActionScript 语言。最后用 5 个综合项目分别介绍了电子贺卡、电子相册、电子课件、互动游戏以及 Flash 网页的设计和制作，使读者能够综合运用前面所学的知识制作不同类型的 Flash 作品。

图书在版编目（CIP）数据

二维动画设计软件应用：Flash CS4 / 庞震主编. —北京：电子工业出版社，2015.2
（中等职业教育新课程改革教材丛书）

ISBN 978-7-121-21521-6

Ⅰ. ①二… Ⅱ. ①庞… Ⅲ. ①动画制作软件—中等专业学校—教材 Ⅳ. ①TP391.41

中国版本图书馆 CIP 数据核字（2013）第 223351 号

策划编辑：肖博爱
责任编辑：郝黎明
印　　刷：北京京师印务有限公司
装　　订：北京京师印务有限公司
出版发行：电子工业出版社
　　　　　北京市海淀区万寿路 173 信箱　邮编　100036
开　　本：787×1 092　1/16　印张：19.75　字数：505.6 千字
版　　次：2015 年 2 月第 1 版
印　　次：2017 年 8 月第 2 次印刷
定　　价：39.80 元

凡所购买电子工业出版社图书有缺损问题，请向购买书店调换。若书店售缺，请与本社发行部联系，联系及邮购电话：（010）88254888，88258888。

质量投诉请发邮件至 zlts@phei.com.cn，盗版侵权举报请发邮件至 dbqq@phei.com.cn。

本书咨询联系方式：（010）88254617，luomn@phei.com.cn。

前　言

随着计算机技术的发展，动画设计与制作的应用范围越来越广泛，在中等职业学校中，Flash 动画课程的教学也逐渐变得越来越重要。根据天津市红星职业中等专业学校创建国家中等职业教育改革发展示范学校要求，结合重点专业——计算机网络技术专业核心课程建设，本书在编写上打破了原有的课程内容体系，按照学生的学习规律和动画的制作特点来构建技能培训体系。采用循序渐进、由浅入深、以项目实例带动理论讲解的编写方式，对内容的安排、项目的选择、习题的编写等都进行了严格的控制，确保难度适中、项目典型、内容实用，能够激发读者的学习兴趣。

本书特色

➢　以零基础入门：本书以零基础的读者为对象，以动画制作的学习规律为轴线，精心安排了一系列典型实用、妙趣横生的项目实例，使初学者能够轻松遨游于 Flash 的神奇世界，并流连忘返。

➢　理论结合实践：本书通过项目实例来讲解知识点，具有很强的针对性、可操作性和实用性。此外，每个项目后的"知识加油站"中还会介绍一些实例中没有用到的相关知识，并通过实战演练和拓展题对所有介绍的知识点进行巩固练习，真正做到了理论知识的学习与实践能力的培养紧密结合。

➢　参考资料丰富：本书提供所有项目实例的素材、源文件及效果文件，并为每个项目实例配备了详细的讲解视频，请读者登录华信教育资源网（www.hxedu.com.cn）免费下载使用。

本书内容

➢　项目一：以小鸭过河动画为例，介绍了 Flash CS4 软件的使用、Flash 动画的原理、以及 Flash 图层等相关知识。

➢　项目二：以一个草莓的绘制过程为例，介绍各种绘制与填充图形的方法。

➢　项目三：以向阳花开的场景绘制为例，介绍图形编辑的常用操作以及图形对象的 3D 操作。

➢　项目四：以蝴蝶飞舞的动画制作为例，介绍了关键帧动画、传统补间动画和补间形状动画的制作方法，以及元件、库、实例等制作 Flash 动画的基本元素。

➢　项目五：以蜻蜓点水的动画制作为例，介绍了遮罩动画和运动引导层动画的制作方法，此外还介绍了 Flash CS4 新增的补间动画的制作方法，以及它与传统补间动画的区别。

➢　项目六：以小象甩鼻的动画制作为例，重点介绍了骨骼动画的动画原理和制作方法，以及 Flash CS4 新增的动画预设功能。

➤ 项目七：以网站标题文字的动画制作为例，重点介绍了 Flash 中文本动画的制作方法，以及在 Flash 中导入声音的相关知识。

➤ 项目八：以网站动态按钮的制作为例，重点介绍了 Flash 中几种常用的、典型的按钮制作方法，以及组件的使用。

➤ 项目九：以闪耀星空的动画制作为例，重点介绍了 ActionScript 脚本语言的相关知识和一些常用的动作命令。此外，还介绍了脚本代码控制 Flash 视频的方法。

➤ 项目十～项目十四：这 5 个综合项目分别介绍了 Flash 电子贺卡、电子相册、电子课件、互动游戏以及 Flash 网页的设计和制作，使读者能够综合运用前面所学的知识制作不同类型的 Flash 作品。

本书是天津市红星职业中等专业学校与天津诺普达科技有限公司校企合作项目成果之一。本书由庞震任主编，张连焕和张中伟任副主编，参加编写的人员还有辛颖、于晶媛、曹士敬、韩亮、徐娟、李硕、谢婷婷、李博等，在此表示深深的感谢。本书在编写中参阅了很多优秀的同类教材以及网上的资料，在此一并表示感谢。

由于时间仓促和作者水平有限，书中难免存在疏漏和不足之处，恳请广大读者不吝指正。

编　者

目 录

项目一 游泳的小鸭——初识 Flash CS4 1
    任务一 了解 Flash 基础知识件 2
    任务二 熟悉 Flash CS4 工作界面 3
    任务三 制作小鸭游泳动画 6
    任务四 测试、导出与发布动画 10

项目二 可爱的草莓——绘制与填充图形 20
    任务一 认识常用绘图工具 21
    任务二 绘制草莓轮廓 24
    任务三 认识常用填充工具 27
    任务四 为草莓填充颜色 29

项目三 花儿向阳开——编辑图形 37
    任务一 对象的任意变形 38
    任务二 绘制向日葵花 40
    任务三 图形的修改与编辑 44
    任务四 绘制花儿向阳开场景 46

项目四 飞舞的蝴蝶——传统补间动画和关键帧动画的制作 56
    任务一 认识帧与关键帧动画 57
    任务二 制作蝴蝶扇动翅膀的影片剪辑 58
    任务三 认识传统补间动画 61
    任务四 制作蝴蝶飞舞的传统补间动画 62

项目五 点水的蜻蜓——遮罩动画和运动引导层动画的制作 72
    任务一 认识运动引导层动画 73
    任务二 制作蜻蜓飞舞的引导层动画 75
    任务三 认识遮罩动画 78
    任务四 制作蜻蜓点水的遮罩动画 80

项目六 甩鼻的小象——骨骼动画的制作 90
    任务一 认识骨骼动画 91
    任务二 制作青草拂动骨骼动画 93
    任务三 创建基于元件实例的骨骼动画 96
    任务四 制作小象甩鼻子的骨骼动画 99

项目七 耀动的文字——文本动画的制作 107
    任务一 文本的制作方法 108
    任务二 制作文本元件 112
    任务三 创建文本的补间动画 114

任务四　创建文本的遮罩动画·······118

项目八　动态的按钮——按钮元件的制作·······132
任务一　认识按钮元件·······133
任务二　制作播放器音效按钮·······135
任务三　制作风车动态按钮·······138
任务四　制作网站导航条·······140

项目九　闪烁的星光——ActionScript 脚本入门·······156
任务一　认识 ActionScript 语言·······157
任务二　ActionScript 简单编程·······159
任务三　制作超链接按钮·······162
任务四　制作星星闪烁效果·······165

项目十　快乐的生日——电子贺卡的制作·······181
任务一　制作背景与气球动画·······182
任务二　制作生日蛋糕动画·······186
任务三　制作文字动画·······188
任务四　添加背景音乐和重播按钮·······194

项目十一　阳光小宝贝——电子相册的制作·······209
任务一　制作相册封面·······210
任务二　制作特效过渡场景动画·······215
任务三　制作遮罩场景动画·······220
任务四　制作相册框架并添加动作脚本·······224

项目十二　迪士尼拼图——Flash 小游戏的制作·······239
任务一　制作拼图的原图和碎片·······240
任务二　制作控制按钮·······242
任务三　制作结束动画·······246
任务四　添加拼图控制的动作脚本·······248

项目十三　开心学英语——Flash 学习课件的制作·······261
任务一　制作首页动画·······262
任务二　制作学习界面的动画·······268
任务三　制作水果遮罩动画·······269
任务四　制作单词控制按钮·······275

项目十四　小小童乐园——Flash 网站的制作·······286
任务一　制作网站首页动画·······287
任务二　添加导航链接·······291
任务三　发布网站·······294

项目一　游泳的小鸭——初识 Flash CS4

Flash 作为一款专业的矢量编辑和二维动画制作软件，以其操作简单、文件小巧、交互性强等优点，被广泛应用在网络、广告和多媒体等领域，受到广大设计师的青睐。本项目简要介绍了 Flash 的基本概况以及 Flash CS4 的工作界面，并以"游泳的小鸭"动画为例，介绍了 Flash 动画的基本原理、Flash 动画制作的基本方法和测试发布方式，并对 Flash 中的图层做了简要的介绍。

能力目标

◆ 能够新建、打开、保存和关闭 Flash 文档。

◆ 熟悉 Flash CS4 的工作界面。

◆ 熟练掌握 Flash 中图层的含义及其基本操作。

◆ 了解动画测试、导出与发布的方法。

任务一　了解 Flash 基础知识件

一、Flash 简介

　　Flash 是美国 Macromedia 公司推出的一款多媒体动画制作软件。它是一种交互式动画设计工具，它可以将音乐、声效、动画以及富有新意的界面融合在一起，制作出高品质的动态效果。Flash 动画生成的文件体积小，提升了网络传输的效率；其强大的平面设计功能使得动画设计时无须其他软件的辅助，大大地提高了设计上的效率；极高的程序控制功能（Action Script 语句），可以创造互动性极佳的网页，吸引更多人的兴趣。Flash 自面市以来以其简单易学、功能强大、适应范围广泛等特点，得到了迅猛的发展与普及，逐步稳固了在多媒体互动软件中的霸主地位。

二、Flash 应用

　　Flash 的应用领域很广泛，主要包括以下方面。

　　（1）广告宣传片：Flash 广告是使用 Flash 动画的形式宣传产品的广告，主要用于在互联网上进行产品、服务者企业形象的宣传。近几年 Flash 发展势头迅猛，因为它既可以在网络上发布，同时也可以存为视频格式在传统的电视台播放。一次制作，多平台发布，所以越来越得到更多企业的青睐。

　　（2）网站建设：Flash 具有良好的动画表现能力，生成的文件体积小，可以很快显示出来，所以现在的网页中越来越多的使用 Flash 动画来装饰页面的效果。其强大的后台技术支持 HTML 与网页编程语言的使用，使得 Flash 在制作网站上具有良好的优势。

　　（3）游戏制作：Flash 是目前制作网络交互动画最优秀的工具，它支持动画、声音以及视频，并且利用 ActionScript 语句编制程序，再配合 Flash 强大的交互功能来制作一些游戏，比如热门游戏"植物大战僵尸"和经典小游戏"连连看"、"泡泡龙"等。

　　（4）娱乐短片：这是当前国内最火爆，也是广大 Flash 爱好者最热衷应用的一个领域。由于采用矢量技术这一特点，Flash 非常适用于制作动画短片，再配上适当的音乐，比传统的方式更具有吸引力，而且 Flash 动画文件很小，更适合网络传播。Flash 短片作品包括卡通动漫、电子贺卡和 MTV 等。

　　（5）多媒体课件：Flash 课件以文字为基础，配合图像、声音、动画等手段，可以从多方面刺激学生的感官，激发学生的兴趣，使得学生真正成为学习的主体。随着网络教学和远程教学的需要，利用 Flash 制作多媒体课件已经成为课件制作的主流。

　　（6）手机应用：Flash 作为一款跨媒体的软件在很多领域得到应用，尤其是 Adobe 公司逐渐加大了 Flash 对手机的支持，使用 Flash 可以制作出手机的应用动画，包括 Flash 手机屏保、Flash 手机主题、Flash 手机游戏、Flash 手机应用工具等，随着手机浏览器 Flash Lite 版本不断提升，以及各款手机对 Flash 的不断支持，Flash 在手机方面的应用越来越广。

　　当然 Flash 的应用远远不止这些，它在电子商务与其他媒体领域也得到了广泛的应用，在此仅列出一些主要的应用范围,相信随着 Flash 技术的发展,Flash 的应用范围将会越来越广泛。

三、Flash 动画原理

动画是通过连续播放一系列画面,给视觉造成连续变化的画面。它的基本原理与电影、电视一样,都是利用了"视觉暂留"原理。医学已证明,人类的眼睛具有"视觉暂留"的特性,就是说,当人的眼睛看到一幅画或一个物体后,它的影像就会投射到我们的视网膜上,如果这个物体突然移开,它的影像仍会在我们的眼睛里停留一段时间,在 0.1 秒内不会消失。如果有另一个物体在这段极短的时间内出现,我们将看不出中间有断续,因为在前一个影像尚未消失时,后一个影像已经产生,并与前一个影像融合在一起,这就是"视觉暂留"原理。

为此,一个动态的运动过程就可以分解为多个静态画面。如图 1-1 所示,武士挥拳的连续动作可以根据其运动规律和关键动作分解为下面六幅画面,当这些画面以低于 0.1 秒的速度播放时,我们就感觉武士挥拳动起来了,而不必去关心两个画面之间武士的动作是怎样的。

图 1-1　武士挥拳分解画面

Flash 制作动画时也是采用这一原理,我们采用时间轴来控制动画的播放时间,利用帧来记录每一幅静态画面,这样上面的六幅画面就可以用六个关键帧(记录关键动作的帧)来记录,而两个关键帧之间武士动作的衔接我们不用考虑,由计算机来帮助我们完成。所以说用 Flash 制作动画非常简单、易学。

任务二　熟悉 Flash CS4 工作界面

选择【开始】→【程序】→【Adobe Flash CS4 Professional】菜单命令或双击桌面上的快捷图标启动 Flash CS4 应用程序。默认情况下,每次启动时系统都会自动弹出启动向导对话框,如图 1-2 所示,用于快速访问最近使用过的文件、创建不同类型的文件以及使用教程资源等。

在新建或打开一个 Flash 文档后,就可以进入 Flash CS4 默认的工作界面,工作界面由标题栏、菜单栏、文档选项卡、舞台、时间轴面板、工具面板、属性面板和其他多个控制面板等组成,如图 1-3 所示。

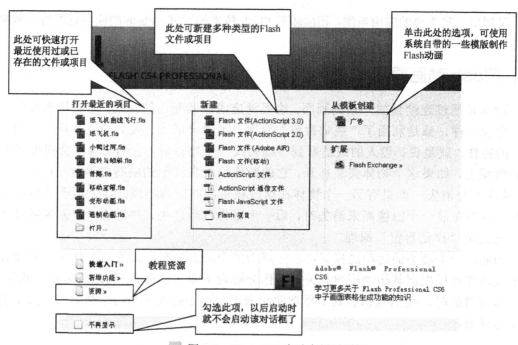

图 1-2　Flash CS4 启动向导对话框

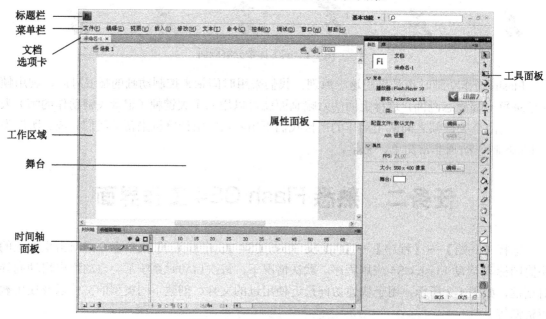

图 1-3　Flash CS4 工作界面

一、标题栏

标题栏位于 Flash CS4 工作界面的最上方，利用标题栏右侧的【基本功能】下拉列表框，可以根据自己的需要切换工作界面的外观。【基本功能】右侧的搜索栏，可以方便地搜索 Adobe 官网中的帮助信息。此外，通过单击标题栏右侧的 3 个窗口控制按钮 – □ × 可以将窗口最小化、最大化和关闭。

二、菜单栏

Flash CS4 将其大部分的操作命令分门别类地存放在菜单中，菜单栏中自左向右分别为【文件】、【编辑】、【视图】、【插入】、【修改】、【文本】、【命令】、【控制】、【调试】、【窗口】和【帮助】。

【文件】：该菜单主要用于操作和管理动画的文件，包括比较常用的新建、打开、保存、导入、导出和发布等。

【编辑】：该菜单主要用于对动画对象进行编辑操作，如复制、粘贴等。

【视图】：该菜单主要用于控制工作区域的显示效果，如放大、缩小以及是否显示标尺、网格和辅助线等。

【插入】：该菜单主要用于向动画中插入元件、图层、帧和场景等。

【修改】：该菜单主要用于对对象进行各项修改，包括变形、排列、对齐，以及对位图、元件、形状进行各项修改等。

【文本】：该菜单主要用于对文本进行编辑，包括大小、字体、样式等属性。

【命令】：该菜单主要用于管理与运行通过历史面板保存的命令。

【控制】：该菜单主要用于控制影片播放，包括测试影片、播放影片等。

【调试】：该菜单主要用于调试影片中的 ActionScript 脚本。

【窗口】：该菜单主要用于控制各种面板的显示与隐藏，包括时间轴、工具以及各种浮动面板。

【帮助】：该菜单提供了 Flash CS4 的各种帮助信息。

三、工具面板

工具面板是制作Flash动画过程中使用最频繁的面板，默认情况下位于工作界面的右侧，分为工具区、查看区、颜色区和选项区4个功能区域，如图1-4所示。

工具区：包含了 Flash 中最常用的绘图工具、填充工具和编辑工具。

查看区：用于改变舞台的显示比例及显示区域。

颜色区：用于设置笔触颜色和填充颜色。

选项区：用于设置工具的选项，选择不同的工具时，选项区会有所变化。

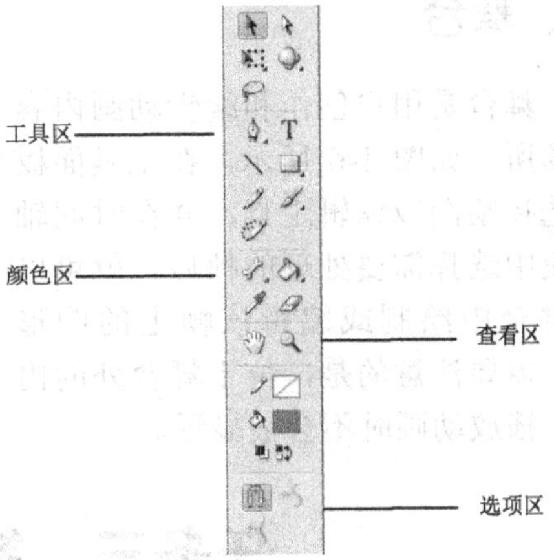

图 1-4　工具面板

四、时间轴面板

时间轴面板用于组织和控制文档内容在一定时间内播放的层数和帧数，就像剧本决定了各个场景的切换以及演员出场的时间顺序一样。如图1-5所示，时间轴面板分为左、右两个部分，左边为图层控制区，右边为帧控制区。

图层控制区   帧控制区

图 1-5   时间轴面板

（1）图层控制区中的图层由上到下排列，上面图层中的对象会叠加到下面图层的上方，在图层控制区可以对图层进行各种操作，如创建图层、删除图层、显示和锁定图层等。

（2）帧控制区对应左侧的图层控制区，每一个图层对应一行帧系列。在 Flash CS4 中，动画是按时间轴由左向右顺序播放的，每播放一格即一帧，一帧对应一个画面，对动画进行的编辑操作实际上就是对帧进行的编辑操作，比如插入帧、删除帧、复制帧和移动帧等。

五、属性面板

属性面板是一个非常实用又比较特殊的面板，在属性面板中没有固定的参数选项，它会随着选择对象的不同而出现不同的选项设置，这样就可以很方便地设置对象属性。

六、文档选项卡

当打开多个文档后，单击文档名称可以切换到当前编辑的文档，单击文档右侧的×按钮可以关闭相应的文档。

七、舞台

舞台是用户创作和编辑动画内容的场所，如图 1-6 所示，在工具面板中选择绘图或编辑工具，并在时间轴面板中选择需要处理的帧后，就可以在舞台中绘制或编辑该帧上的图形了。需要注意的是，位于舞台外的内容在播放动画时不会被显示。

图 1-6   舞台

任务三   制作小鸭游泳动画

一、导入素材

1．新建文件

启动 Flash CS4 后，在如图 1-2 所示的启动向导对话框中选择"Flash 文件（ActionScript 2.0）"选项即可新建一个 Flash 文档。

2．导入河流背景

如图 1-7 所示，在菜单栏中选择【文件】→【导入】→【导入到舞台】菜单命令，打开如图 1-8 所示的"导入"对话框，选择素材中"素材与实例→project01→素材"目录下的"背景河流.jpg"文件，单击【打开】按钮，导入图片后的舞台如图 1-9 所示。

图 1-7　导入命令

图 1-8　"导入"对话框

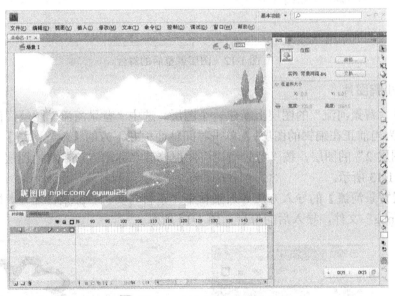

图 1-9　导入图片后的舞台

3．修改河流图层

因为导入的背景图片太大，超出了舞台的范围，所以要对图片进行调整。选择【窗口】→【信息】菜单命令，打开如图 1-10 所示的"信息"面板，调整背景河流图片的尺寸，参数为宽度 550.0，高度 400.0，按【Enter】键确认。然后在下面的时间轴面板里双击"图层 1"文字，把名字改成"背景河流"并按【Enter】键确认，如图 1-11 所示。图层调整后的舞台如图 1-12 所示。

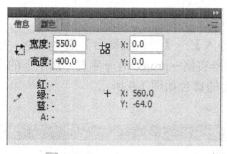

图 1-10　"信息"面板

图 1-11　修改名字后的图层

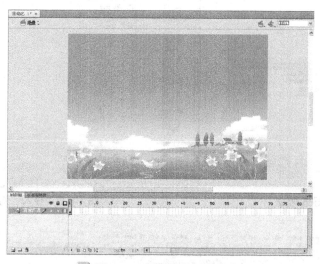

图 1-12　图层调整后的舞台

4．导入小鸭图片

　　首先要在"背景河流"的图层上新建一个图层。选中"背景河流"图层，使其变为蓝色（表示该图层为当前正在编辑的图层），单击时间轴面板左下方的【新建图层】按钮，新建一个名为"图层 2"的图层，按"背景河流"图层修改名称的方法，将"图层 2"改为"小鸭子"，如图 1-13 所示。

　　然后按【背景河流】的导入方法导入素材中"素材与实例→project01→素材"目录下的"卡通小鸭子.png"文件，导入后的舞台如图 1-14 所示。

新建图层按钮 —————

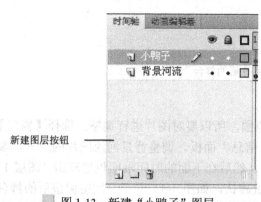

图 1-13　新建"小鸭子"图层

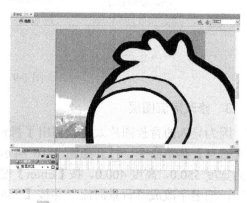

图 1-14　导入小鸭子后的舞台

5．修改小鸭子

选择【窗口】→【信息】菜单命令，在"信息"面板中调整小鸭子图片的尺寸，参数为宽度 100.0，高度 100.0，按【Enter】键确认。调整小鸭子后的舞台如图 1-15 所示。

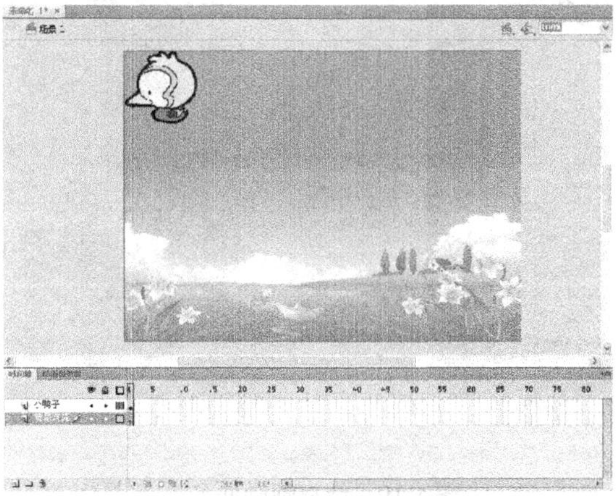

二、制作动画

1．制作开始帧

选择"小鸭子"图层，单击时间轴面板右侧第一帧，将小鸭子拖动到舞台的右下角，如图 1-16 所示。

2．制作结束帧

图 1-15　调整小鸭子后的舞台

拖动时间轴面板右下方的水平滚动条，显示出第 70 帧，然后选择"小鸭子"图层中的第 70 帧，右击，在弹出菜单中选择【插入关键帧】命令，如图 1-17 所示。然后再按此方法在"背景河流"图层中的第 70 帧处插入关键帧，完成后的时间轴如图 1-18 所示。

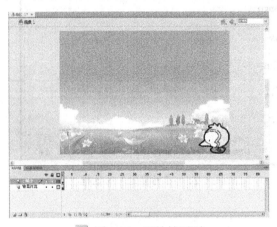

图 1-16　开始帧画面

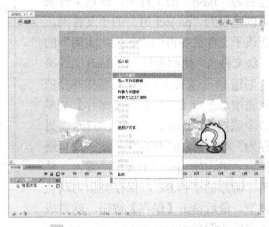

图 1-17　"插入关键帧"命令

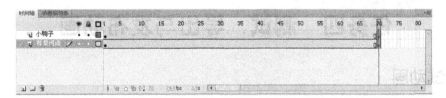

图 1-18　插入关键帧后的时间轴

然后再选择"小鸭子"图层中的第 70 帧，把小鸭子拖动到舞台的左下角，这是动画结束时小鸭子所在的位置，如图 1-19 所示。

3．创建动画

选取"小鸭子"图层中的第 1～70 帧中的任意一帧，右击，在弹出的快捷菜单中选择【创建传统补间】命令，完成小鸭游泳动画，如图 1-20 所示。

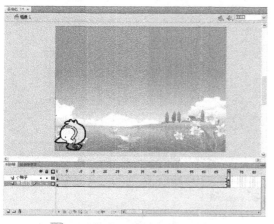

图 1-19　结束帧画面

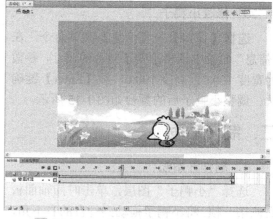

图 1-20　【创建传统时间】动画

三、保存文件

动画制作完成后要进行保存。为有效的管理创作的 Flash 文件，在 D 盘创建名为"flash"的文件夹，在该文件夹内创建名为"project 01"的子文件夹，在该子文件夹内再创建名为"实例"的下级文件夹，依此类推，在 flash 文件夹中创建 14 个文件夹，文件夹名称序号依次递增。单击【文件】→【保存】菜单命令或按【Ctrl+S】组合键，打开"另存为"对话框，如图 1-21 所示，保存路径为 d:\flash\project 01\实例，输入文件名"游泳的小鸭.fla"，保存类型为默认类型，最后单击【保存】按钮，就完成了文件的保存。

图 1-21　"另存为"对话框

任务四　测试、导出与发布动画

一、测试动画

在制作动画过程中或完成动画制作后应测试其播放效果，以便及时发现动画中存在的问题。要测试动画可以参考以下两种测试方式。

1. 在工作界面中测试

在制作动画过程中，按下【Enter】键，可以测试动画在时间轴上的播放效果；反复按【Enter】键可以在暂停测试和继续测试之间切换。

2. 在播放器中测试

若希望测试动画的实际播放效果，可以选择【控制】→【测试影片】菜单命令或按【Ctrl+Enter】组合键，打开测试窗口，就可以在播放器中进行测试了，如图1-22和图1-23所示。要想关闭测试窗口，可以选择测试窗口中【文件】→【关闭】菜单命令或单击窗口右上角的【关闭】按钮⊠。

图1-22　测试影片命令

图1-23　测试动画

二、导出动画

在 Flash 软件中制作的动画只是.fla 格式的源文件，不能在播放器中播放，必须将其导出。Flash 导出的动画格式通常为.swf 格式，这是 Flash 动画特有的文件格式。此外，还可以导出为其他图像、图形、声音和视频格式文件。

1. 导出影片

选择【文件】→【导出】→【导出影片】菜单命令，弹出如图1-24所示的"导出影片"对话框。在"保存类型"下拉列表框中列出了 Flash 导出常用的动画文件格式，选择一种格式，给文件命名，然后单击【保存】按钮就完成导出操作了。

图1-24　"导出影片"对话框

（1）SWF 影片（*.swf）：选择该项，不需任何设置可以将其导出为 Flash 特有的.swf 格式文件。

（2）Windows AVI（*.avi）：选择该项，在弹出的"导出 Windows AVI"对话框中可以设置选项，从而将文档导出为 Windows 视频，但是会丢弃所有的交互性。

（3）QuickTime（*.mov）：选择该项，可以将文档导出为 QuickTime 文件，使之可以以视频流的形式或通过 DVD 进行分发，或者可以在视频编辑应用程序（如 Adobe Premiere Pro）中使用。

（4）动画 GIF（*.gif）：选择该项，在弹出的"导出 GIF"对话框中可以设置选项，从而将文档导出为 GIF 小动画，以便在网页中使用。

（5）WAV 音频（*.wav）：选择该项，在弹出的"导出 Windows WAV"对话框中可以设置声音格式，从而将当前文件中的声音文件导出为单个的 WAV 文件。

（6）图像序列：选择其他选项则可以将文档导出为不同格式的图像序列文件。

2. 导出图像

选择【文件】→【导出】→【导出图像】菜单命令，弹出"导出图像"对话框。可以将单帧图像保存为.bmp、.jpg、.gif、.png 等格式的图像。

3. 制作.exe 格式动画

播放 Flash 动画需要专门的 Flash 动画播放器，即 Flash Player。如果计算机中安装了 Flash 软件或用于播放 Flash 动画的其他插件，则可以观看动画，否则就看不到动画效果。针对这一情况，我们介绍一种将.swf 格式转换为.exe 格式的方法，使得动画可以在任何计算机上都能顺利演示。

通过资源管理器找到刚才导出的"游泳的小鸭.swf"动画文件，双击它，此时打开 Flash Player 动画播放器并进行播放。在 Flash Player 动画播放器中，选择【文件】→【创建播放器】菜单命令，弹出"另存为"对话框，此时保存类型为"播放器（*.exe）"类型，选择好路径，在"文件名"文本框中输入"游泳的小鸭.exe"，如图 1-25 所示，单击【保存】按钮，就可以将.swf 文件转为.exe 文件了。

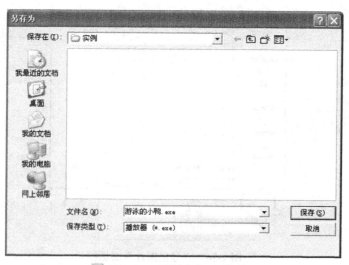

图 1-25 "另存为"对话框

三、发布动画

完成了动画的制作并测试无误后，除了可以将其导出外，还可以将其发布，Flash 影片的发布格式有多种，可以直接将影片发布为.swf 格式，也可以发布为.html、.gif、.jpeg 和.png 等格式。

选择【文件】→【发布设置】菜单命令，弹出如图 1-26 所示的"发布设置"对话框。在【格式】选项卡中的"类型"一栏中勾选上哪项，就会发布哪种类型的文件，同时"发布设置"对话框中就会增加该项的设置选项卡。单击某个选项卡就能打开该项的设置窗口，如图 1-27 所示是"Flash"文件设置项，如图 1-28 所示是"HTML"文件设置项。一般我们采用系统默认值即可，最后单击【发布】按钮就完成发布操作了。

图 1-26 "发布设置"对话框　　图 1-27 "Flash"文件设置项　　图 1-28 "HTML"文件设置项

 知识加油站 ◂·

一、Flash 中的图层

Flash 中的图层就像透明的玻璃纸一样，我们可以在一张张透明的玻璃纸上分别作画，然后再将它们按一定的顺序一层层地向上叠加，上面的物体会盖住下面的物体。Flash 是以层的概念来存储影片的，类似于 Photoshop 中的图层，区别在于 Photoshop 中的图层是静止的，而 Flash 中的图层是运动的。在制作一个动画影片时，往往在一个图层中很难完成，因为在同一层中不能同时控制多个对象，通过增加图层，我们就可以在一层中编辑小鸭游泳的动画而在另一层中使用旋转文本的变形动画，各图层的操作互相独立，互不影响，也正因为如此，我们才可以制作出复杂、绚丽的动画效果。

二、图层的基本操作

新建的 Flash 空白文档默认情况下只有一个图层，名为"图层 1"，在制作动画的过程中用户可以根据自己的需要自由的创建图层、编辑图层，大大提高动画制作的效率，增强动画的灵活度和复杂度。除了可以自由使用图层外，Flash 还给我们提供了一个图层文件夹的功能，它类似于 Windows 中的文件夹，以树形结构排列，可以将 Flash 中的图层像 Windows 中的文件一样管理。对于复杂的动画来说，合理、有效的组织图层与图层文件夹是非常重要的。

1．创建新图层与图层文件夹

创建新图层与图层文件夹有三种方式。

（1）通过按钮创建：单击时间轴面板左下方的【新建图层】按钮创建新图层，每单击一次就会创建一个新的普通图层，名字为"图层 *n*"（数字 *n* 是从 2 开始逐个累加的），如图 1-29 所示。同样，单击【新建文件夹】按钮也可以创建图层文件夹，如图 1-30 所示。

图 1-29　新建图层　　　　　　　　　　图 1-30　新建图层文件夹

（2）通过菜单创建：选择【插入】→【时间轴】→【图层】或【图层文件夹】菜单命令，同样可以创建图层和图层文件夹。

（3）通过快捷菜单创建：在时间轴面板左侧图层处右击，在弹出的快捷菜单中选择【插入图层】或【插入文件夹】命令，也可以创建图层或图层文件夹。

新建图层或图层文件夹后，可以双击它的名字，此时该名字会呈蓝色并闪动光标，然后就可以为图层或图层文件夹重命名了。

2．选择图层与图层文件夹

要在 Flash 中操作图层或图层文件夹，就必须先选中它。图层或图层文件夹的选择方式有三种，其操作方法与 Windows 中文件的选择方式相似，被选中的图层或图层文件夹会以蓝色背景显示。

（1）选择单个图层或图层文件夹：在时间轴面板左侧的图层或图层文件夹名称处单击，即可将该图层或图层文件夹选中。

（2）选择多个连续的图层或图层文件夹：在时间轴面板中先单击要选的第一个图层或图层文件夹，然后按住【Shift】键，同时单击要选的最后一个图层或图层文件夹，这样就将这两个图层或图层文件夹之间的所有图层或图层文件夹都选中了。

（3）选择多个不连续的图层或图层文件夹：在时间轴面板中按住【Ctrl】键，依次单击要选的图层或图层文件夹，松开【Ctrl】键后，单击的图层或图层文件夹就被选中了。

3．调整图层与图层文件夹顺序

在 Flash 中添加图层或图层文件夹是按自下向上的顺序进行的，在动画制作的过程中，用户可能需要调整图层或图层文件夹的顺序，可按如下方法进行。

（1）更改图层或图层文件夹顺序：选中要移动的图层或图层文件夹，按住鼠标左键，将其拖动到所需位置即可。

（2）将图层或图层文件夹移动到目标图层文件夹中：选中要移动的图层或图层文件夹，按住鼠标左键，将其拖动到目标图层文件夹中，那么该图层文件夹下就会出现你所拖动的图层或图层文件夹。

4. 显示与隐藏图层与图层文件夹

在 Flash 中图层或图层文件夹默认情况下是处于显示状态的，但有时为了控制动画方便。可以将某些图层或图层文件夹隐藏起来，在发布 SWF 文件时可以选择是否包括这些隐藏的图层或图层文件夹。具体方法如下。

（1）显示或隐藏所有图层：在时间轴面板中单击【显示或隐藏所有图层】按钮 👁，就可以将所有图层或图层文件夹隐藏起来。此时所有图层右侧的黑点 · 显示为红叉✕，表示隐藏，再次单击 👁 按钮，红叉✕ 又显示为黑点 · ，表示显示所有图层或图层文件夹，如图 1-31 和图 1-32 所示。

图 1-31　隐藏所有图层和图层文件夹　　　　图 1-32　显示所有图层和图层文件夹

（2）显示或隐藏单个图层或图层文件夹：选中要显示或隐藏的图层或图层文件夹，然后单击该单个图层或图层文件夹右侧的黑点 · ，当黑点 · 显示为红叉✕时，表示隐藏，再次单击红叉✕又显示为黑点 · ，表示显示该图层或图层文件夹。

5. 锁定与解除锁定图层与图层文件夹

默认情况下，Flash 中的图层或图层文件夹都处于解锁状态，但是 Flash 动画中有很多对象，在编辑某个图层中的对象时有可能对其他图层中的对象进行误操作，为此可以将不需要的图层或图层文件夹暂时锁定，需要时再解锁就行了。具体操作如下。

（1）锁定或解除锁定所有图层：在"时间轴"面板中单击【锁定或解除锁定所有图层】按钮 🔒，就可以将所有图层或图层文件夹锁定，此时所有图层右侧的黑点 · 显示为 🔒。再次单击 🔒 按钮，🔒 又显示为黑点 · ，表示所有图层或图层文件夹解锁。

（2）锁定或解除锁定单个图层或图层文件夹：选中要显示或隐藏的图层或图层文件夹，然后单击该单个图层或图层文件夹右侧的黑点 · ，当黑点 · 显示为 🔒，表示锁定，再次点击 🔒 又显示为黑点 · ，表示该图层或图层文件夹解锁。如图 1-33 和图 1-34 所示。

图 1-33　锁定单个图层　　　　　　　　图 1-34　解锁单个图层

6．删除图层与图层文件夹

在使用 Flash 制作动画时经常会出现一些没用的图层或图层文件夹，可以将它们快速删除，方法如下。

（1）选择需要删除的图层或图层文件夹，然后单击时间轴面板左下方的【删除】按钮，即可删除所选图层或图层文件夹。

（2）首先选择需要删除的图层或图层文件夹，然后将其拖动到时间轴面板左下方的【删除】按钮处，同样可以将图层或图层文件夹删除。

在进行删除操作时，图层和空的图层文件夹可以直接删除，但是非空的图层文件夹删除时会弹出如图 1-35 所示的提示框，询问是否将该图层文件夹中嵌套的图层和图层文件夹也一并删除，如果选择【是】，则将所有嵌套的图层和图层文件夹删除；如果选【否】，则不会删除图层文件夹。

7．图层属性的设置

图层创建后，可以通过"图层属性"对话框修改图层的属性。选择【修改】→【时间轴】→【图层属性】菜单命令，或选择图层快捷菜单中的【属性】命令，弹出"图层属性"对话框，如图 1-36 所示。

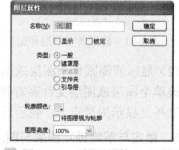

图 1-35　删除图层文件夹提示框　　　　图 1-36　"图层属性"对话框

（1）名称：用于图层的重命名。

（2）显示：用于设置该图层处于显示状态还是隐藏状态。

（3）锁定：用于设置该图层处于锁定状态还是解锁状态。

（4）类型：用于设置图层的种类，一共有 5 个单选项。

● 一般：表示是普通图层。

● 遮罩层：表示该图层是遮罩层，遮罩层的对象可以镂空的显示出其下面被遮罩图层中的对象。

● 被遮罩：表示该图层为被遮罩层，与遮罩层结合使用可以制作遮罩动画。

● 文件夹：表示将该图层设置为"文件夹"，如果该图层中有动画对象，则会弹出如图 1-37 所示的提示框，询问是否将当前图层的全部内容删除。

图 1-37　修改图层提示框

● 引导层：表示将该层设置为引导层，利用它可以制作引导层动画，同时还会多出一个"被引导"选项，可将图层转换为被引导层。

（5）轮廓颜色：用于设置当前图层中对象的轮廓线颜色以及是否以轮廓显示。

（6）图层高度：用于设置图层的高度，通过在下拉列表中进行设置。

实训演练

利用素材中的蓝天和纸飞机图片，做一个纸飞机的飞行动画，具体步骤如下。

（1）新建一个 Flash 文件（ActionScript 2.0）。

（2）导入素材中"素材与实例→project01 →素材"目录中"蓝天.jpg"文件到舞台，将图片的大小设置为宽 550，高 400，并将"图层 1"重名名为"蓝天"。

（3）在"蓝天"图层上新建一个图层，命名为"纸飞机"，导入素材中"素材与实例→ project01→素材"目录中"纸飞机.png"文件到舞台，将图片的大小设置为宽 100，高 50。

（4）选择"纸飞机"图层的第 1 帧，将飞机拖到如图 1-38 所示位置。

（5）分别在"蓝天"和"纸飞机"图层的第 100 帧处插入关键帧，选择"纸飞机"图层的第 100 帧，将飞机拖到如图 1-39 所示位置。

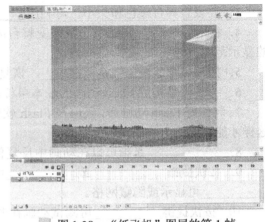

图 1-38 "纸飞机"图层的第 1 帧

（6）在"纸飞机"图层第 1～100 帧中间任意一帧上右击，在弹出的快捷菜单中选择【创建传统补间】命令，完成动画制作，如图 1-40 所示。

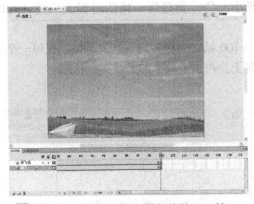

图 1-39 "纸飞机"图层的第 100 帧

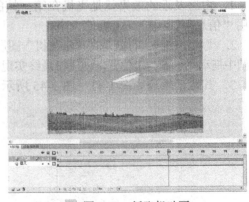

图 1-40 纸飞机动画

7. 将 Flash 源文件保存到 d:\flash\project 01\实例目录下，名为"纸飞机.fla"，测试动画，导出.swf 动画文件，并将其转换成.exe 文件。

拓展与练习◄·

一、填空题

1．要绘制图形，需要利用 Flash CS4 组成元素中的_____；要组织动画，需要利用_____，它是由_____和_____组成的；要设置对象属性，需要利用_____。

2．按快捷键_____可打开"另存为"对话框；按快捷键_____可打开"打开"对话框。

3．要设置舞台颜色和大小，可利用_____对话框。

4．利用_____工具可以改变舞台的显示比例；利用_____工具可以移动舞台的显示范围。

5．撤消操作的快捷键是_____，恢复撤销的快捷键是_____。

6．_____是构成 Flash 动画的基本单位，Flash 动画组成元素实际上都位于_____上。

7．制作好 Flash 动画后，还应在 Flash 软件中将其导出或发布为_____格式的影片，这样才能在本地电脑或网络上播放。

8．_____是指可以在动画中反复使用的一种动画元素。

9．按快捷键_____或_____可快速将视图放大 200%或缩小 50%；按快捷键_____可显示或隐藏网格。

10．按快捷键_____可测试动画在时间轴上的播放效果；按快捷键_____可测试动画的实际播放效果。

二、拓展题

在纸飞机飞行动画的基础上进行修改实现飞机由远及近成曲线飞行的效果，提示如下。

1．由远及近的效果就是飞机在第一帧的时候小一些，到最后一帧的时候大一些，可以利用"信息"面板控制飞机的大小。

2．飞机沿曲线飞行就是在"纸飞机"图层第 1～100 帧之间再多加一些关键帧，在每一个关键帧中拖动飞机到一定位置，使飞机最终实现由下到上，再由上到下的曲线飞行轨迹。

3．其运动轨迹如图 1-41～图 1-45 所示。

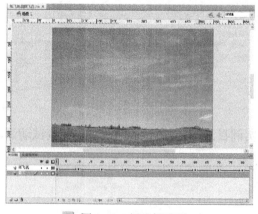

图 1-41　纸飞机动画 1

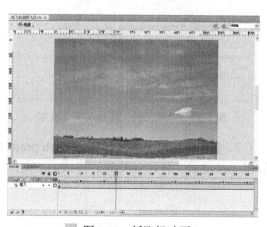

图 1-42　纸飞机动画 2

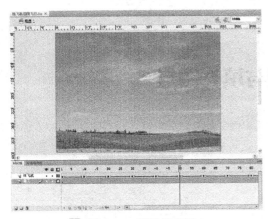

图 1-43　纸飞机动画 3

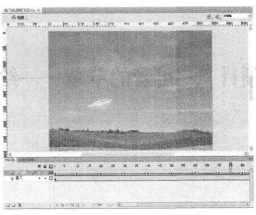

图 1-44　纸飞机动画 4

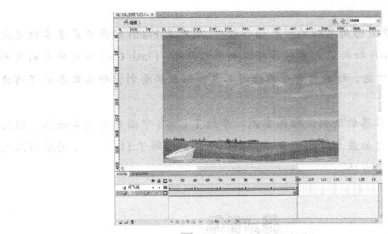

图 1-45　纸飞机动画 5

项目二　可爱的草莓——绘制与填充图形

　　Flash 是以矢量图形为基础的动画创作软件，图形是 Flash 动画的最基本组成元素，因此，学习 Flash 动画首先要从学习绘制图形开始。Flash CS4 具有强大的图形绘制、填充和编辑功能，利用它自带的绘图工具可以轻松绘制出动画需要的任何造型、背景和道具。

　　本项目以一个草莓的绘制过程为实例，介绍了 Flash 中图形的基本概念、图形与图像的区别、绘图的基本方法等基础知识，并详细讲解了 Flash CS4 的绘图工具以及填充工具的使用方法。

能力目标

- ◆ 了解 Flash 中图形与图像的概念、区别和用法，以及绘制图形的基本方法。
- ◆ 熟练掌握 Flash CS4 中基本绘图工具的使用。
- ◆ 熟练掌握 Flash CS4 的颜色填充方法。
- ◆ 重点掌握利用钢笔工具绘制矢量图形的方法。

任务一 认识常用绘图工具

一、认识线条工具

在 Flash CS4 中【线条工具】主要用于绘制直线类型的线段。并且可以通过"属性"面板设置线条的颜色、粗细和样式等属性。

1. 使用【线条工具】绘制图形

使用【线条工具】绘制图形非常简单，单击工具面板中的【线条工具】按钮，将光标放置在舞台中，当光标显示为"+"时表示可以开始绘图，确定绘制线条的起始点，然后拖动鼠标到结束点位置后释放鼠标，即可绘制出一条直线。

2.【线条工具】的选项设置

选中【线条工具】后，会在工具面板下方的选项区出现两个选项按钮，其功能如下。

（1）【对象绘制】按钮：选择此项后，每个绘制的图形都将创建为独立对象，其多个图形叠加时不会合并，可以分别进行移动和调整而不会影响其他图形。不选此项，则多个重叠图形会自动合并，再进行移动、调整等操作时会作为一个整体进行。

（2）【贴紧至对象】按钮：选择此项后，绘制的线条如果靠近其他图形或辅助线时会自动吸附上去。

3.【线条工具】的属性设置

选择【线条工具】后，可以在"属性"面板中设置【线条工具】的相关属性，从而改变绘制线条的颜色、粗细、样式、线条端点显示方式等。

（1）笔触颜色：单击【笔触颜色】按钮旁边的颜色选项，会弹出颜色设置调色板，选择合适的颜色就可以改变线条颜色了。

（2）笔触：用于设置笔触的高度，拖动右侧的滑杆就可以确定线条的粗细了。

（3）样式：用来设置线条的不同样式，共有 7 种，分为极细线、实线、虚线、点状线、锯齿线、点刻线和斑马线。

（4）端点：用于设置线条端点的样式，有 3 种类型，分为无端点、圆角和方形。

（5）接合：用于设置两条直线相接时端点的接合方式，有尖角、圆角和斜角 3 种。

二、认识钢笔工具

【钢笔工具】是 Flash CS4 中绘制图形轮廓的重要工具，它通过绘制矢量路径来完成图形的绘制。路径可以由一个或多个直线段或曲线段组成，线段的起始点和结束点用锚点表示。路径可以是闭合的（如绘制的图形），也可以是开放的（如绘制的波浪线），再通过移动锚点位置、拖动锚点的方向点来调整路径，最后获得图形的外形。

1. 绘制路径

（1）绘制直线。单击工具面板上的【钢笔工具】按钮，将光标放到舞台中单击一下，画出直线的第一个锚点——起始点，移动鼠标到合适的位置再单击左键，画直线的第二个锚点——结束点，这时两点之间会自然连成一条直线，如图 2-1 所示，单击【选择工具】可终止绘制直线。

（2）绘制曲线。用钢笔绘制曲线时，第一个锚点直接在舞台上单击鼠标即可，第二个锚点是单击鼠标左键并拖动鼠标，就会出现一个曲线，如图 2-2 所示，单击【选择工具】可终止绘制曲线。

图 2-1　绘制直线　　　　　　　　　　图 2-2　绘制曲线

2．锚点工具

按住工具面板上的【钢笔工具】按钮，会出现一个下拉列表，里面除了【钢笔工具】还有三个锚点工具，其功能和作用如下。

（1）【添加锚点工具】按钮：用于在路径上添加锚点。有时路径上的锚点可能较少，这样不利于做更细致的调整，这就需要添加锚点。添加方式很简单：选中【添加锚点工具】后，在路径上需要添加锚点的位置单击就可以添加一个锚点。

（2）【删除锚点工具】按钮：用于删除路径上的锚点。当路径上有多余的锚点时，可以选择【删除锚点工具】，在要删除的锚点上单击，就可以把选中的锚点删除。

（3）【转换锚点工具】按钮：用于转换锚点形式。路径有两种锚点：角点和平滑点。角点是突然改变路径方向的锚点，它可以连接直线，也可以连接曲线；平滑点是路径平滑过渡的锚点，它的两端都为曲线。选中【转换锚点工具】后，单击一个平滑点可以将它转换为角点，拉直该锚点两端的线段，如图 2-3 所示。用【转换锚点工具】拖动一个角点可以将它转换为平滑点，并显示出它的方向线，通过拖动方向线上的方向点 a 或 b，可以改变方向线的长短和位置，调整曲线的弧度和方向，如图 2-4 所示。

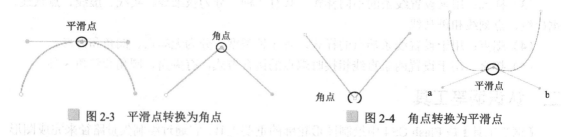

图 2-3　平滑点转换为角点　　　　　　图 2-4　角点转换为平滑点

3．调整路径

路径绘制完成后，还可以对其进行修改。修改路径的方法主要有下面几种。

（1）移动路径：选择【转换锚点工具】，单击图形出现路径后，通过键盘的方向键可以上、下、左右移动路径的位置。或者选择【部分选取工具】，单击图形出现路径后，用鼠标拖动或用方向键控制路径，都能实现路径的移动。

（2）移动锚点：选择【部分选取工具】，单击图形出现路径后，选中需要移动的锚点，用鼠标拖动或用方向键控制它，都能移动锚点位置，改变路径走向，从而改变图形的形状。

（3）调整曲线：选择【转换锚点工具】，拖动锚点方向线上的方向点，通过改变方向线的长短、方向、位置来调整曲线的线形。

三、认识矩形工具与椭圆工具

1. 矩形工具

【矩形工具】用于绘制不同样式的矩形、正方形和圆角矩形。绘制时单击工具面板上的【矩形工具】按钮，在舞台上单击并拖动鼠标，绘制出一个矩形。如果在拖动鼠标的同时按住【Shift】键，就可以绘制出一个正方形。若按住【Alt】键拖动鼠标会以起点为中心绘制矩形或正方形。

在绘制矩形时，可以通过"属性"面板，对如图 2-5 所示的【矩形工具】属性进行设置。

"属性"面板上半部分的"填充和笔触"的设置与线条工具的属性设置相同。下半部分的"矩形选项"用于设置圆角矩形 4 个边角半径的角度值。

（1）矩形边角半径：在四个矩形边角半径的文本框中输入数值，可以指定每个边角的半径。

（2）【锁定】按钮与【解锁】按钮：单击【锁定】按钮后，四个边角半径值一致，所以有三个矩形边角半径文本框被锁定了，只设置一个矩形边角半径值就可以了，或者利用按钮旁边的滑杆，进行半径的设置。单击【解锁】按钮则四个矩形边角半径可以不同，此时滑杆不能用，只能通过四个文本框分别设置每个矩形边角的半径。

（3）【重置】按钮：【重置】按钮用于将矩形边角半径清零。

图 2-5　矩形工具属性

2. 椭圆工具

【椭圆工具】用于绘制椭圆形和圆形，其绘制方法很简单，单击工具面板上的【矩形工具】按钮，在下拉列表中选中【椭圆工具】按钮，在舞台的合适位置单击并拖动鼠标，即可绘制出一个椭圆形。如果在拖动鼠标的同时按住【Shift】键，就可以绘制出一个圆形。同样，若按住【Alt】键拖动鼠标会以起点为中心绘制椭圆形和圆形。

四、认识常用选取工具

1. 选择工具

Flash CS4 中的【选择工具】是最常用到的工具，它不但可以选择对象，还可以改变图形的形状。在绘制图形的过程中，经常要用【选择工具】对图形的线形进行调整。下面就简要介绍【选择工具】的用法。

（1）选择笔触线段或填充色：单击工具面板上的【选择工具】按钮，将鼠标放到舞台上，单击图形的某一条线段或某一处填充色，可以选择一条线段或图形的填充色。如果想将复合图形的全部笔触都选中，则可以双击笔触线条。

（2）选择图形：选中【选择工具】按钮后在舞台上拖动鼠标，在形成的矩形选区框中的线段和填充色都将被选中。使用这种方式选择图形，既可以选择全部图形，又可以选择部分图形，因此可以对局部图形进行操作。

（3）选择对象：对于外部导入的对象，或不合并的图形，直接用鼠标单击就可以选择一个对象。要是想选择多个对象，可以按住【Shift】键，或者拖动鼠标通过选区框来选择。

（4）调整图形：【选择工具】调整图形主要有两种方式。当鼠标靠近图形的端点，光标变为时，可以用鼠标拖动端点实现端点位置的移动。当鼠标靠近图形的线段，光标变为时，拖动鼠标就可以改变线段的弧度和方向。通过对端点和线段的调整，最终实现对图形的调整。

2. 部分选取工具

单击工具面板上的【部分选取工具】按钮，再单击图形就会将图形转换为路径，然后按照【钢笔工具】中介绍的路径编辑方式对路径进行编辑就可以了。

任务二　绘制草莓轮廓

一、绘制草莓脸部

1. 新建文件

启动 Flash CS4 后，在启动向导中选择"Flash 文件（ActionScript 2.0）"选项，新建一个 Flash 文档，将默认图层重命名为"脸部轮廓"。

2. 绘制草莓脸部轮廓

（1）绘制草莓外轮廓。单击工具面板上的【钢笔工具】按钮，然后在舞台上确定起点 a 并单击鼠标左键，然后单击其右侧 b 点处使其自动连成一条线段，再单击下方的 c 点处使其连成第二条线段，最后单击起点 a 处使其连成第三条线段，从而形成了草莓外轮廓，绘制过程如图 2-6 所示。

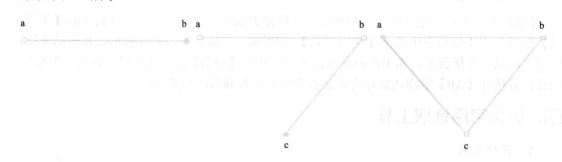

图 2-6　绘制草莓外轮廓

（2）调整草莓外轮廓。单击工具面板上的【钢笔工具】按钮，在下拉列表中选择【转换锚点工具】按钮，如图 2-7 所示。然后用鼠标单击 a 点并拖动锚点，会出现一条直线，上面有 3 个调整点，拖动调整点可以调整直线的弧度大小和弧度方向，此时按键盘上的方向键还能移动锚点的位置。通过多次调整 3 个锚点位置、弧度大小和方向，使直线变成曲线，最终形成一个草莓的形状，如图 2-8 所示。

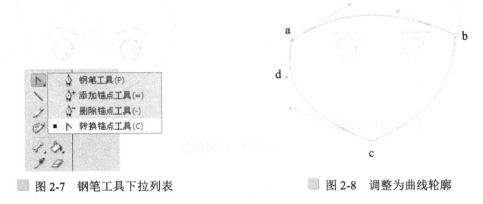

图 2-7　钢笔工具下拉列表　　　　　　　　　图 2-8　调整为曲线轮廓

3．绘制草莓五官

（1）新建图层。单击图层面板上的【新建图层】按钮，新建一个图层，命名为"五官"。后面的眼睛和嘴的绘制都在"五官"图层上进行。

（2）绘制眼睛。选中"五官"图层，按住工具面板中的【矩形工具】按钮 🔲，在弹出的下拉列表中选择【椭圆工具】 ⭕，在属性面板中设置笔触 ／ 为黑色 ▬，大小为 2，填充 🔲 为透明 🔲，其他为默认值，如图 2-9 所示。按住【Shift】键拖动鼠标，在草莓轮廓线内部绘制一个正圆（不按【Shift】键则绘制一个椭圆）作为眼睛。然后单击工具面板中的【选择工具】按钮 ▲，选中绘制的圆，按住【Ctrl】键并拖动鼠标进行眼睛的复制，如图 2-10 所示（可以使用"属性"面板调整眼睛的位置和大小）。

（3）绘制眼珠。按上面的方法绘制草莓的眼珠，利用鼠标拖动或者键盘方向键将眼珠移动到如图 2-11 所示位置（可以使用"属性"面板调整眼珠的位置和大小）。

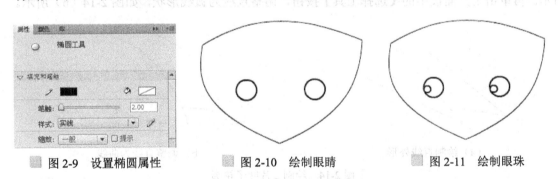

图 2-9　设置椭圆属性　　　　　图 2-10　绘制眼睛　　　　　图 2-11　绘制眼珠

（4）绘制眉毛。单击工具面板中的【线条工具】按钮 ＼，在"属性"面板中将笔触大小设置为 2，再在眼睛上方绘制两条直线，如图 2-12（a）所示。单击工具面板中的【选择工具】按钮，移动鼠标到直线上，当鼠标下面出现一个弧线时，向上拖动鼠标，将直线调整为曲线。调整两条直线的弧度和位置，如图 2-12（b）所示。

（5）绘制嘴。与绘制眉毛的方法相同，选择【线条工具】绘制一条短线作为左半部嘴，如图 2-13（a）所示，然后用【选择工具】调整为向下的弧线，如图 2-13（b）所示。同样绘制右半部嘴的直线，如图 2-13（c）所示，再调整为弧线，如图 2-13（d）所示。

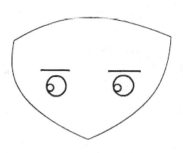
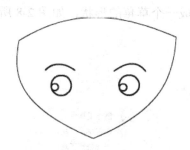

（a）绘制两条直线　　　　　　　　　　（b）调整直线为曲线

图 2-12　绘制眉毛

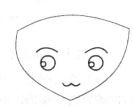

（a）绘制左侧直线　　（b）调整左侧曲线　　（c）绘制右侧直线　　（d）调整右侧曲线

图 2-13　绘制嘴

二、绘制叶子轮廓

1. 绘制右前方 2 片叶子

（1）新建图层。在五官图层上新建一个图层，命名为"叶子轮廓"。

（2）绘制轮廓线。单击工具面板中的【线条工具】按钮＼，画出 4 条线段如图 2-14（a）所示。再单击工具面板中的【选择工具】按钮，调整直线为弧线形状，如图 2-14（b）所示。

（a）绘制直线外形　　　　　　　　　　（b）调整直线为曲线

图 2-14　绘制 2 片叶子轮廓

（3）调整轮廓线。单击工具中的【部分选取工具】按钮，选中叶子，会出现叶子轮廓上的所有锚点，然后选中如图 2-15（a）所示的 1 号锚点，通过移动锚点位置、改变方向线的长短、方向和位置，就可以调整曲线的方向和弧度，如图 2-15（b）所示。再选择 2 号锚点调整方向线，完成如图 2-15（c）所示的轮廓线。按上面的方法，依次反复选择各个锚点，调整各锚点的方向线，调整叶子，最终得到如图 2-15（d）所示叶子轮廓。

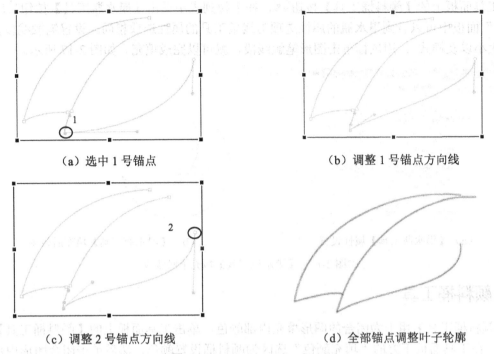

（a）选中 1 号锚点　　　　　　　　　　（b）调整 1 号锚点方向线

（c）调整 2 号锚点方向线　　　　　　　（d）全部锚点调整叶子轮廓

图 2-15　微调 2 片叶子轮廓

2. 绘制其余的树叶

按照前面绘制和调整叶子轮廓的方法，完成其他叶片的绘制，利用【选择工具】按钮，调整直线的弧度，利用【部分选取工具】按钮 对锚点进行适当调整，绘制过程如图 2-16 所示。

图 2-16　绘制所有叶子

任务三　认识常用填充工具

一、墨水瓶工具

墨水瓶工具是笔触线段填充工具，可以改变图形填充笔触线段的颜色、大小以及样式等。

按住工具面板上的【颜料桶工具】按钮 ，在下拉列表中单击【墨水瓶工具】按钮 。在"属性"面板中可以看到墨水瓶的属性选项与线条工具的属性选项相同。设置笔触线段的颜色、大小以及样式 ，用鼠标单击图形笔触线段，就可以完成填充。如图 2-17 所示。

（a）【墨水瓶工具】属性设置　　　　　　　（b）【墨水瓶工具】填充后效果

图 2-17　【墨水瓶工具】填充笔触线段

二、颜料桶工具

【颜料桶工具】用于为闭合的图形填充内部颜色。单击工具面板上的【颜料桶工具】按钮 ，在工具面板下方的"填充颜色"选区为颜料桶设置颜色，然后单击闭合图形内部，就可以完成颜料桶的填充操作，如图 2-18 所示。

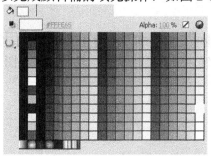

（a）【颜料桶工具】颜色设置　　　　　　　（b）【颜料桶工具】填充后效果

图 2-18　颜料桶工具填充图形内部颜色

【颜料桶工具】只能对闭合的图形进行颜色填充，未闭合的图形不能填充内部颜色。但有时在绘图时可能会有一些小的不易发现的空隙，影响我们对图形的填充，这时可以通过【颜料桶工具】的选项来封闭空隙。选择【颜料桶工具】后，在工具面板的选项区单击【空隙大小】按钮，会弹出如图 2-19 所示的下拉列表。它的第一个选项【不封闭空隙】是默认选项，对封闭图形填充时用它，其他三个选项，用于对不同的空隙进行封闭，封闭后再用颜料桶进行填充。

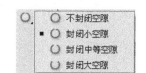

图 2-19　【空隙大小】选项

三、颜色面板介绍

Flash CS4 的"颜色"面板功能很强大，不但能设置单色，还可以自定义渐变色以及位图填充效果。选择【窗口】→【颜色】菜单命令，打开如图 2-20 所示的"颜色"面板。

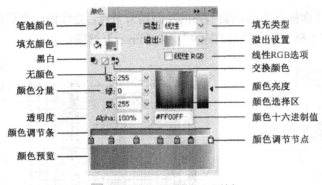

图 2-20 "颜色"面板

（1）【笔触颜色】按钮 ✎ ■：用于设置图形笔触线段的颜色。

（2）【填充颜色】按钮 ◇ ■：用于设置图形内部填充的颜色。

（3）【黑白】按钮 ■：用于快速切换到黑白色（笔触线段为黑色，内部填充为白色）。

（4）【无颜色】按钮 ☑：用于取消笔触线段或内部填充的颜色（再次单击可以恢复原设置）。

（5）【交换颜色】按钮 ⇄：用于快速互换笔触线段和内部填充的颜色。

（6）颜色调节：用户可以通过分别设置红、绿、蓝分量来调和颜色，可以在旁边的颜色选择区中选择需要的颜色，也可以在颜色的十六进制文本框中直接输入颜色的值。

（7）Alpha 透明度：用于设置颜色的透明度（100%表示不透明，0%表示透明）。

（8）颜色亮度：用于调节颜色的亮度。

（9）填充类型：用于设置填充颜色的类型。"无"表示不设置任何颜色；"纯色"表示用单色进行填充；"线性"表示用线性渐变颜色进行填充；"放射状"表示用放射状渐变颜色进行填充；"位图"表示用位图图像进行填充。

上面的功能选项为颜色面板默认显示的选项。当填充类型选择为"线性"或"放射状"时，会出现下面三个选项。

（10）溢出：用于设置超出颜色填充范围的颜色填充方式。

（11）线性 RGB：用于创建 SVG 兼容的线性渐变。

（12）颜色调节条：用于为渐变填充设置渐变颜色。单击颜色调节条可以增加一个颜色调节节点，双击调节节点会弹出调色板，为该节点设置颜色。拖动调节节点可以设置该颜色在渐变中的位置和宽度。

任务四　为草莓填充颜色

一、填充脸部颜色

1．填色脸的颜色

（1）选择"脸部轮廓"图层。

（2）单击工具面板中的【颜料桶工具】按钮 ◇，然后再选择【窗口】→【颜色】菜单命令，会弹出"颜色"面板，在"类型"选项里选择放射状，如图 2-21 所示。

（3）双击"颜色"面板下方颜色调节条的左侧调节节点，会弹出一个调色板，选择如图2-22所示的颜色（或在文本框里输入"#FF0099"，按【Enter】键确认）。

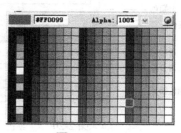

图2-21　"颜色"面板　　　　　　　　图2-22　调色板与"颜色"面板

（4）双击右侧颜色调节节点，在文本框中输入参数"#FF0000"，按【Enter】键确认，最终设置面部颜色如图2-23所示。

（5）设置好脸的填充色后，把鼠标移到草莓的脸部，在中心位置处单击，填充草莓脸部颜色，如图2-24所示。

图2-23　设置脸部颜色　　　　　　　　图2-24　填充草莓脸部颜色

2．填充眼睛的颜色

（1）选择"五官"图层。

（2）在"颜色"面板里，设置类型选项为"纯色"，填充颜色为"黑色"，如图2-25（a）所示，并在如图2-25（b）所示的位置进行填充。

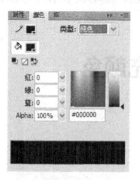

（a）设置黑色填充色　　　　　　　　（b）填充后的效果

图2-25　填充黑色

（3）再按上面的方法将眼珠填充为"白色"，如图 2-26 所示。

二、填充叶子颜色

（1）选择"叶子轮廓"图层。

（2）在"颜色"面板中，设置类型选项为"放射状"，双击左侧的颜色调节节点，输入参数"#006600"，按【Enter】键确认，如图 2-27（a）所示。双击右侧的颜色调节节点，输入参数为"#33FF00"，按【Enter】键确认，如图 2-27（b）所示。

图 2-26 填充眼珠后的效果

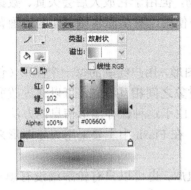 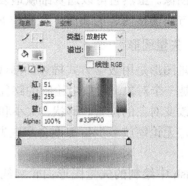

（a）设置左侧颜色调节节点 　　　　　　　　（b）设置右侧颜色调节节点

图 2-27 设置叶子填充色

（3）选择完颜色后，把鼠标移到其中的一片叶子上，在叶子的中间处单击，填充如图 2-28（a）所示，然后将剩余的叶子进行填充，填充后的最终效果如图 2-28（b）所示。

（a）填充一片叶子 　　　　　　　　　　　（b）填充后的效果

图 2-28 填充叶子颜色

将文件保存到 d:\flash\project 01\实例目录下，命名为"草莓.fla"。

 知识加油站 ◄·

一、矢量图与位图

计算机中的图形图像主要分两种，一种是位图图像，另一种是矢量图形。Flash 动画主要以矢量图形为主，也可以使用位图。位图图像主要从外部导入，而矢量图形主要在 Flash 中使用绘图工具绘制，也可以从外部导入。

1. 位图图像

位图图像是由许多极小的像素点规律排列构成的，每个像素显示一种颜色。放大图像时，每个像素点都会被放大，放大到一定比例时像素点就会显示为一个小方格，形成马赛克效果，因此会造成失真。

位图图像是以像素为基本单位来记录数据的，图像中像素点的多少和颜色位数（表示颜色种类）直接决定图像的大小和质量。日常生活中我们所拍摄的数码照片、扫描的图像都属于位图图像。虽然它可以逼真细腻地表现自然界的景物，但由于它放大后会失真、数据量大以及不方便调整内容的缺点，在制作 Flash 动画时很少使用，只是偶尔用它作为动画背景。

2. 矢量图形

矢量图形是用数学方式描述的曲线及曲线围成的图形。用户绘制的每一个图形（包括字符）都是一个对象，对象由绘制的路径来确定外形，对象之间相互独立，可以通过改变路径自由地改变对象的位置、形状、大小和颜色等。同时，由于这种保存图形信息的办法与分辨率无关，无论缩放多少倍都不会产生失真现象。因此，在 Flash 中主要采用矢量图形来制作动画。

Flash 中绘制的矢量图形由轮廓线和填充两部分组成，也可以只有轮廓线没有填充，或只有填充没有轮廓线。通过分别调整轮廓线和填充可以绘制出各种需要的造型，一般步骤如下。

（1）先在纸上画出所要绘制图形的草图。

（2）使用【线条工具】、【钢笔工具】、【矩形工具】等绘制出图形的大致轮廓。

（3）使用【选择工具】、【部分选取工具】、【转换锚点工具】等反复调整轮廓线形状，完成图形的绘制。

（4）使用【颜料桶工具】、【墨水瓶工具】、【颜色属性面板】等为图形上色，完成图形的填充。

二、其他绘图、填充和辅助工具

1. 铅笔工具

【铅笔工具】与【线条工具】比较类似，都可以绘制笔触线条。不同的是，铅笔工具更加灵活，用户可以随意绘制各种形状的线。【铅笔工具】使用很简单，单击工具面板中的【铅笔工具】按钮，在舞台中拖动鼠标，即可按照鼠标移动的轨迹绘制出相应的线段。在工具面板下方的选项区中，还可以设置铅笔模式，如图 2-29 所示。

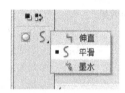

图 2-29　铅笔模式

（1）【伸直】此模式下系统会自动将线段抻直，并锐化拐角，适合绘制有棱角的图形。

（2）【平滑】此模式下系统会尽可能的消除棱角，使线段更加平滑，适合绘制平滑图形。

（3）【墨水】此模式下绘制的线段将保持绘画原样，适合绘制具有手绘效果的图形。

2. 基本矩形工具和基本椭圆工具

【基本矩形工具】/【基本椭圆工具】与【矩形工具】/【椭圆工具】的功能和用法相似，不同的是，使用【矩形工具】/【椭圆工具】一旦设置好属性，绘制出图形后就不能再通过"属性"面板调整了。而通过【基本矩形工具】/【基本椭圆工具】绘制的图形还能继续在"属性"面板中修改矩形的边角半径或椭圆的开始角度、结束角度、内径等属性。

3. 多角星形工具

【多角星形工具】用于绘制星形或多边形，在工具面板中【矩形工具】的下拉列表中。选择【多角星形工具】后，在"属性"面板的"工具设置"选项中单击【选项】按钮，可以弹出"工具设置"对话框，如图 2-30 所示。在对话框中可以设置绘制多边形还是多角星形，绘制的边数以及星形顶点的大小。

图 2-30 "工具设置"对话框

4. 刷子工具和喷涂刷工具

【刷子工具】用于绘制具有毛笔绘图效果的图形，用刷子作为填充工具，按其走向轨迹填充路径，此时图形没有笔触线段，仅有用刷子涂出来的图形（也不必再做内部填色了）。

单击工具面板上的【刷子工具】按钮，在舞台上拖动鼠标，沿鼠标移动路径涂出图形。在工具面板下方的选项区域中会显示【刷子工具】的选项，其功能如下。

（1）对象绘制：使用此模式绘制图形，每绘制一个图形都是一个独立对象。

（2）刷子模式：用于设置刷子工具的各种模式，共有 5 种模式。

● 标准绘画，没有任何特殊限制，按标准方式绘图。

● 颜料填充，只填充同一图层的图形，不影响图形的笔触线段。

● 后面绘画，只填充舞台中的空白部分，而不影响同图层其他图形的笔触线段和填充色。

● 颜料选择，只填充同一图层中被选择的填充颜色区域。

● 内部绘画，只对刷子工具涂抹的图形内部进行填充，而不影响笔触线段和图形外区域，若开始涂抹时刷子在舞台空白处，则只在空白处填充，不影响图形内部。

（3）刷子大小：用于设置刷子的大小。

（4）刷子形状：用于设置刷子的形状。

【喷涂刷工具】是【刷子工具】下拉列表中的一个填充工具，它类似于粒子喷射器，可以将粒子形状的图案填充到舞台中。默认用小圆点作为喷涂图案，也可以将影片剪辑或图形元件作为喷涂图案进行填充。

5. 滴管工具

【滴管工具】用于从图形中提取内部填充色或笔触线段的颜色，从而快速设置笔触或填充色，使一种已使用的颜色轻松地复制到另一个对象上。单击工具面板上的【滴管工具】按钮，此时鼠标显示为吸管状，单击某图形的笔触线段时会吸取它的颜色作为当前的笔触颜色，单击图形的内部，则会用该填充色作为当前的填充色。

6. 橡皮擦工具

【橡皮擦工具】主要用于擦除图形的填充色或笔触线段。单击工具面板上的【橡皮擦工

具】按钮，在舞台上涂抹就可以把不想要的对象擦除。在工具面板下方的选项区可以设置
【橡皮擦工具】的相关属性，主要有以下 3 个。

（1）橡皮擦模式：共 5 种模式。

● 标准擦除，只擦除橡皮经过的区域。

● 擦除填色，只擦除填充色，不影响笔触线段。

● 擦除线条，只擦除笔触线段而不影响其他区域。

● 擦除所选填充，只针对用【选择工具】选择图形的填充色擦除，不影响其他区域。

● 内部擦除，只擦除图形内部填充色，仅在鼠标起始位置在图形内部时有效。

（2）水龙头：可以一次擦除连续区域的颜色或笔触线段。

（3）橡皮擦形状：用于设置橡皮擦的大小和形状。

 实训演练 ◀·

利用前面学习过的绘图工具和填充工具画一个酷酷的苹果，具体绘制过程如下。

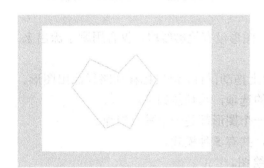

图 2-31　绘制直线轮廓

（1）新建一个 Flash 文件（ActionScript 2.0），将"图层 1"重命名为"苹果"。

（2）在工具面板中选择【钢笔工具】，在"苹果"图层的舞台上单击鼠标，然后在如图 2-31 所示的其他位置单击鼠标，以此确定苹果图形的各个锚点位置，绘制出苹果的直线轮廓。

（3）在工具面板中单击【钢笔工具】按钮，在弹出的下拉列表中选择【转换锚点工具】，使用它将图形的各个角点转换为平滑点，完成苹果曲线轮廓的绘制，过程如图 2-32 所示。

图 2-32　绘制曲线轮廓

（4）利用同样的方法画出苹果的小树枝和树叶，过程如图 2-33 所示。

图 2-33　绘制枝叶轮廓

（5）最后利用【部分选取工具】调整图形的大小、高矮、胖瘦，调整到合适的位置，最后结果如图 2-34 所示。

（6）选择工具面板中的【颜料桶工具】，为苹果和枝、叶分别填充颜色，填充后的效果如图 2-35 所示。

图 2-34　苹果最终外形

图 2-35　填充颜色后的苹果

（7）新建一个图层，命名为"眼镜"。在"眼镜"图层利用【线条工具】和【颜料桶工具】绘制一副眼镜，如图 2-36 所示。

（8）新建一个图层，命名为"嘴"。在"嘴"图层利用【线条工具】和【颜料桶工具】绘制苹果的嘴，如图 2-37 所示。

（9）将文件保存到 d:\flash\project 01\实例目录下，命名为"苹果.fla"。

图 2-36　绘制眼镜后的苹果

图 2-37　绘制嘴后的苹果

拓展与练习

一、填空题

1．利用_____工具可以绘制不同颜色、粗细、样式和角度的直线线段。

2．在使用【矩形工具】或【椭圆工具】绘图时，按住 _____ 键可绘制正方形或正圆形，按住 _____ 键可以以当前光标位置为中心绘制图形。

3．利用 _____ 工具可以绘制多边形和星形。

4．利用_____工具可以实现角点和平滑点之间的转换。

5．利用_____工具可以将填充色或图案喷涂到舞台中的指定位置。

6．使用【滴管工具】对位图进行采样时，必须先将位图_____。

7．使用【铅笔工具】绘制接近徒手画出的线条，应选择_____铅笔模式。

8．选择【矩形工具】后，不可以设置的属性是_____。

9．使用【渐变变形工具】，不能调整的颜色是_____。

二、拓展题

利用前面学习过的绘制和填充工具以及绘制完的苹果和草莓对象，完成"水果一家亲"的绘制工作。（提示：在绘制图形过程中可适当使用工具面板下方的"贴近至对象"选项精确绘制）其步骤参考如下。

图 2-38　绘制背景

1. 新建一个 Flash 文件（ActionScript 2.0），将默认图层重命名为"背景"。在"背景"图层利用【矩形工具】绘制一个与舞台大小相同的蓝色矩形，再选择【喷涂刷工具】在"属性"面板中定义喷涂为"默认形状"，颜色为"白色"。在背景图层上进行喷涂，最终得到如图 2-38 所示的背景效果。

2. 新建一个图层，命名为"房子"。利用前面学过的绘图和填充工具画出如图 2-39 所示的小房子。

3. 新建一个图层，命名为"水果"。打开"苹果.fla"文件，将全部图层选中，按【Ctrl+C】组合键进行复制，并在水果图层中粘贴。粘贴后选中苹果图形的全部内容，再用【任意变形工具】调整大小。同样将草莓图形也添加到"水果"图层，调整后的效果如图 2-40 所示。

图 2-39　绘制房子

图 2-40　添加苹果和草莓

4. 新建一个图层，命名为"文字"。选择【刷子工具】，书写"水果一家亲"的标题，如图 2-41 所示。

图 2-41　书号"水果一家亲"

5. 将文件保存到 d:\flash\project 01\实例目录下，命名为"水果一家亲.fla"。

项目三　花儿向阳开——编辑图形

编辑图形与绘制图形都是创作 Flash 动画的基础，利用图形的编辑功能，可以对绘制的基本图形进行调整变形、复制合并、排列组合等操作，从而完成更为复杂的图形或场景绘制。

本项目以向日葵向阳开放的场景绘制为例，详细介绍了编辑图形的常用操作，包括对象的任意变形、图形的形状调整、对象合并、对象的排列组合等。此外，在知识加油站中还介绍了 3D 旋转工具与平移工具的用法。

能力目标

◆ 熟练掌握任意变形工具，能够完成图形的各种变形操作。

◆ 熟练掌握图形的基本编辑方法，能够完成图形的形状调整、合并、排列组合等操作。

◆ 要掌握 3D 旋转工具与 3D 平移工具的使用以及各种修改调整的方法。

任务一　对象的任意变形

一、任意变形工具

在 Flash CS4 中，【任意变形工具】 是使用最多的编辑工具之一，主要用于改变对象形状，可以进行任意的旋转、缩放、倾斜等操作。使用【任意变形工具】选择对象后，在对象四周会出现一个变形框，中间的空心圆点表示对象变形的中心点，四周的八个矩形点是变形控制柄，用于控制对象的旋转、缩放或倾斜操作。

1. 基本变形操作

（1）旋转对象。使用【任意变形工具】选择对象后，将光标放置到对象四个角的矩形点外侧，光标会变为 ，此时拖动鼠标顺时针或逆时针方向旋转，则对象会随着鼠标以中心点为轴进行旋转。当变形的中心点在对象中心时，顺时针旋转后如图 3-1 所示。若将变形的中心点移动到海鸥的左翅膀上，则再做顺时针旋转时就会以左翅膀为轴，如图 3-2 所示。

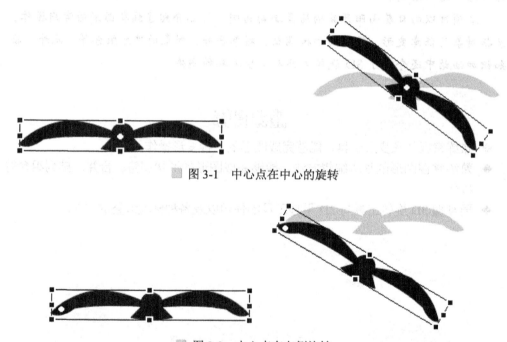

图 3-1　中心点在中心的旋转

图 3-2　中心点在左侧旋转

（2）缩放对象。使用【任意变形工具】选择对象后，将光标放置到对象四个角的矩形点上，当光标变为双向倾斜的箭头 时，按住鼠标向外或向内拖动，对象会随着鼠标进行缩放，若此时按住【Shift】键，则可进行等比例缩放；将光标放置在其余 4 个矩形点上时，光标会变为 ↕ 或 ↔ 形状，此时拖动鼠标，对象会随着鼠标进行垂直或水平方向的缩放，如图 3-3 所示。

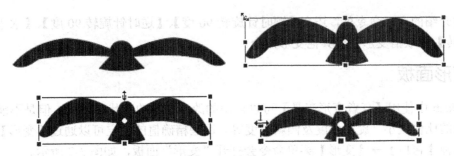

图 3-3　缩放对象

（3）倾斜对象。使用【任意变形工具】选择对象后，将光标放置到四条边框线上，光标变为 ↔ 或『形状时，按住鼠标向左右或上下拖动，对象会随着鼠标移动，进行水平或垂直方向的倾斜，如图 3-4 所示。

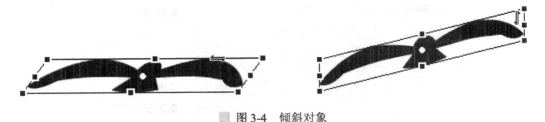

图 3-4　倾斜对象

2. 任意变形工具的选项设置

选择【任意变形工具】后，在工具面板下方将出现 4 个相关选项，它们将控制图形只能按选中的方式进行变形。

【旋转与倾斜】：选择此选项则只能对选择的对象进行旋转与倾斜操作。

【缩放】：选择此选项只能对选择的对象进行缩放操作。

【扭曲】：选择此选项后将光标放到对象四周的矩形点上，光标会变为▷形状，此时拖动鼠标，可向任意方向扭曲图形，如图 3-5 所示。但要注意扭曲变形只能用于分离对象，如果要对组合后的图形进行扭曲变形，可以先选择【修改】→【分离】菜单命令将对象分离后再进行操作。

【封套】：与扭曲一样，【封套】也是用于改变分离对象的形状，但是与【扭曲】不同，它可以对图形进行细微调整，通过改变对象周围的控制手柄来改变形状，如图 3-6 所示。

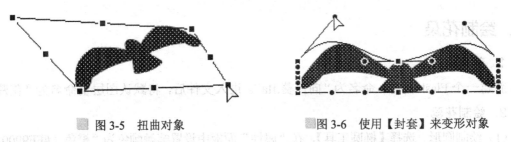

图 3-5　扭曲对象　　　　　图 3-6　使用【封套】来变形对象

3. 变形命令

在菜单栏中的【修改】→【变形】菜单项下，有关于图形变形操作的更为详细的命令，除了上述介绍的变形命令外，还有【顺时针旋转 90 度】、【逆时针旋转 90 度】、【水平翻转】、【垂直翻转】、【取消变形】等其他变形命令。

二、变形面板

在 Flash 中使用【任意变形工具】可以自由的改变对象的形状与大小，但是不能精确地控制对象的比例大小、旋转角度及倾斜角度等。这些精确值的设定可以通过【变形】面板来实现。选择【窗口】→【变形】菜单命令会打开"变形"面板，如图 3-7 所示。

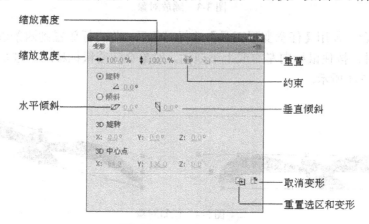

图 3-7 "变形"面板

（1）缩放宽度：用于设置对象宽度的百分比。
（2）缩放高度：用于设置对象高度的百分比。
（3）【约束】：可以锁定高度与宽度的百分比。
（4）【重置】：可以使对象恢复到缩放前的状态。
（5）【旋转】：用于设置对象的旋转角度。
（6）【倾斜】：用于设置对象水平与垂直方向的倾斜角度。
（7）【重置选区和变形】：可以使对象再次应用之前的变形操作。
（8）【取消变形】：可以将变形后的对象恢复到原来的状态。

任务二　绘制向日葵花

一、绘制花朵

1. 新建文件

新建一个 Flash 文档，命名为"向日葵.fla"。进入文件后，将默认图层重命名为"花蕊"。

2. 绘制花蕊

（1）绘制圆形。选择【椭圆工具】，在"属性"面板中设置笔触颜色为"橙色（#FF9900）"，填充颜色为"墨绿色（#003300）"，笔触大小为1，然后按住【Shift】键在舞台上绘制一个正圆。

（2）绘制一条曲线。选择【线条工具】，笔触颜色仍为"橙色（#FF9900）"，先在圆的中心绘制一条直线，再利用【选择工具】将直线调整为曲线，如图 3-8（a）所示。

（3）制作条形图案。多次重复上面的操作，依次在圆形内部绘制曲线，形成条形图案，如图 3-8（b）所示。

（4）制作网状图案。按住【Shift】键用【选择工具】选中所有曲线，按【Ctrl+C】组合键复制曲线，再按【Ctrl+Shift+V】组合键粘贴形成第 2 组曲线，单击【任意变形工具】按钮，然后将鼠标放在变形框 4 个角的外侧，此时光标变为一个旋转箭头，拖动鼠标将曲线向右旋转 90°，如图 3-8（c）所示。最终完成花蕊的绘制。

（a）绘制一条曲线　　　　　　　（b）制作条形图案　　　　　　　（c）制作网状图案

图 3-8　花蕊的绘制过程

3．绘制一片花瓣

新建一个图层，命名为"底层花瓣"，拖动到花蕊图层下方。选择【椭圆工具】，在属性面板中设置笔触颜色为"橙色（#FF9900）"，填充颜色为"黄色（#FFFF00）"，笔触大小为 1，然后在舞台上绘制一个椭圆，如图 3-9（a）所示。再用【选择工具】调整笔触线段，将左右曲线向内收缩，如图 3-9（b）所示。经过反复调整，最终形成如图 3-9（c）所示的花瓣。

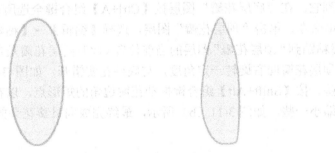

（a）绘制椭圆　　　　　　　　（b）向内收缩曲线　　　　　　　（c）最终花瓣图形

图 3-9　一片花瓣的绘制过程

4．绘制底层花瓣

将花瓣移动到花蕊的正上方，用【任意变形工具】调整大小，要求符合花朵与花蕊的比例，如图 3-10（a）所示。用【选择工具】选取花瓣，选择【任意变形工具】，将花瓣的中心点拖到花蕊中心，如图 3-10（b）所示。打开"变形"面板，输入旋转度数 20°，使花瓣绕花蕊中心点旋转，如图 3-10（c）所示。在"变形"面板中单击右下角的【重制选区和变形】按钮 ，复制出第二片花瓣，如图 3-10（d）所示。重复单击【重制选区和变形】按钮 ，制作所有花瓣，如图 3-10（e）所示。

（a）第一片花瓣位置

（b）调整花瓣中心点位置

（c）旋转花瓣

（d）复制花瓣

（e）底层花瓣绘制完成

图 3-10　底层花瓣的绘制过程

5. 绘制顶层花瓣

在"底层花瓣"图层上方新建一个图层，命名为"顶层花瓣"。将"花蕊"图层锁定，防止下一步复制花瓣时影响到它。在"底层花瓣"图层按【Ctrl+A】组合键全选所有花瓣，选择【编辑】→【复制】菜单命令，单击"顶层花瓣"图层，选择【编辑】→【粘贴到当前位置】菜单命令，将所有花瓣粘贴到"顶层花瓣"图层的当前位置（此时两层花瓣是重合的），再选择【任意变形工具】将顶层花瓣向右旋转一定角度，与底层花瓣错开，如图 3-11（a）所示。为了看起来更逼真一些，按【Shift+Alt】组合键拖动花瓣边角的矩形点，以花瓣中心点为中心按比例将顶层花瓣缩小一些，如图 3-11（b）所示，最终完成向日葵花朵的绘制。

（a）旋转后的顶层花瓣

（b）缩小后的顶层花瓣

图 3-11　顶层花瓣的绘制过程

二、绘制枝叶

1. 绘制花茎

在"底层花瓣"图层下方新建一个图层，命名为"花茎"。选择工具面板中的【刷子工具】，设置填充颜色为"深绿色（#006633）"，刷子形状为"圆形"，刷子大小为 3 号（第 3 个选项），按如图 3-12 所示画一根花茎。

2. 绘制叶子轮廓

在"花茎"图层上方新建一个图层，命名为"叶子"。选择【钢笔工具】，设置笔触颜色为"墨绿色（#003300）"，在"叶子"图层上绘制如图 3-13（a）所示的路径。然后用【转换锚点工具】调整各个锚点，绘制出如图 3-13（b）所示的叶子轮廓。

图 3-12　绘制花茎

3. 绘制叶子茎脉

选择【线条工具】，笔触颜色设为"墨绿色（#003300）"，在"属性"面板设置笔触大小为 0.1，在叶子中间绘制几条直线，如图 3-14（a）所示。再利用【选择工具】将直线调整为曲线，如图 3-14（b）所示。再选择【刷子工具】，设置填充颜色为"绿色（#006600）"，刷子形状为"圆形"，刷子大小为 1 号，按如图 3-14（c）所示画一根叶茎。

（a）一层花瓣

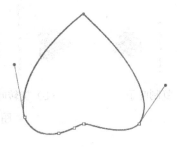

（b）两层花瓣

图 3-13　绘制叶子轮廓

（a）绘制直线

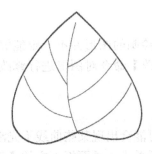

（b）调整为曲线

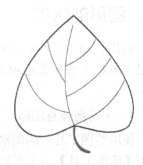

（c）绘制叶茎

图 3-14　叶子茎脉的绘制过程

4. 填充叶子颜色

选择【颜料桶工具】，填充颜色设为"绿色（#006600）"，然后填充叶子内部，如图 3-15 所示。

5. 制作两侧叶子

再复制一片叶子，分别把两片叶子放在花茎的两侧，如图 3-16（a）所示。选中左侧的叶子，选择【修改】→【变形】→【垂直翻转】菜单命令，将它垂直翻转，再选择【修改】→【变形】→【顺时针旋转 90 度】菜单命令，向右旋转 90°。再选中右侧叶子，选择【修改】→【变形】→【顺时针旋转 90 度】菜单命令，向右旋转 90°，如图 3-16（b）所示。

图 3-15　填充叶子颜色

选中左侧叶子的叶茎，用【任意变形工具】加粗放大。然后选择左侧叶子的全部，选择【修改】→【合并对象】→【联合】菜单命令将它们合并为一个整体，然后选择【任意变形工具】对它进行旋转、斜切和缩放操作，最后移动到如图 3-16（c）所示位置。再按同样的方法调整右侧叶子的形状和位置，最后完成向日葵的绘制，如图 3-16（d）所示。

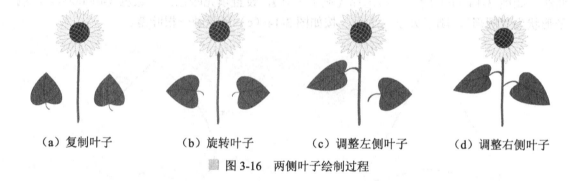

（a）复制叶子　　　　　（b）旋转叶子　　　　　（c）调整左侧叶子　　　　　（d）调整右侧叶子

图 3-16　两侧叶子绘制过程

任务三　图形的修改与编辑

一、图形的修改

使用绘图工具绘制图形后，绘制的图形并不一定能够满足实际应用的要求，此时可以通过工具栏上的相关选项或【修改】命令对图形进行修改与调整，使其更加符合实际应用的需要。

1. 平滑与伸直图形

使用绘图工具绘制图形后，可能会出现某些曲线不光滑或直线不平直的情况，此时可以使用【选择工具】选中图形，然后单击工具面板下方的【平滑】或【伸直】按钮，使绘制的图形趋于平滑或直线化。

此外，还可以通过选择【修改】→【形状】→【高级平滑】或【高级伸直】菜单命令对图形进行更加细致的平滑或直线化操作。

2．优化图形

优化图形是将图形中多余的曲线合并，通过减少图形中的曲线数目来减少 Flash 的数据计算量，从而减小 Flash 动画文件的大小。选中要优化的图形，然后选择【修改】→【形状】→【优化】菜单命令，在弹出的"优化曲线"对话框中即可进行设置。

3．调整图形

调整图形是指对合并状态下的图形进行调整，包括【将线条转换为填充】、【扩展填充】以及【柔化填充边缘】三项，具体操作如下所述。

（1）【将线条转换为填充】：该命令可以把笔触线段转换为填充图形，这样不能局部调整的线段就变成了可以任意变化形态的填充图形。选中要转换的笔触线段，选择【修改】→【形状】→【将线条转换为填充】菜单命令，就可以将线条转换为填充。

（2）【扩展填充】：该命令可以完成图形的扩展或收缩。选中需要扩展填充的图形后，选择【修改】→【形状】→【扩展填充】菜单命令，在弹出的对话框中进行参数设置："距离"用于设置填充的大小，其取值范围在 0.05～144 像素之间；"扩展"项勾选上之后图形向外进行扩展填充；"插入"项勾选上之后图形向内进行收缩填充。

（3）【柔化填充边缘】：该命令可以使图形的边缘变得柔和，如同 Photoshop 软件中的羽化效果一样。选中需要柔化的图形后，选择【修改】→【形状】→【柔化填充边缘】菜单命令，在弹出的对话框中进行参数设置："距离"用于设置柔化边缘的宽度，其取值范围在 1～144 像素之间；"步骤数"用于设置填充边缘的数目，由于填充边缘的透明值会越来越低，步骤数越多，平滑的效果越好，但是绘制速度会变慢，文件变大。所以应该选择合适的参数，以均衡各方面需求。

二、对象的编辑

1．合并对象

前面讲过 Flash 中有两种绘图模式——合并绘制模式和对象绘制模式，合并绘制模式就是将多个独立的对象绘制模式下的图形进行合并，使之成为一个对象。可以通过【修改】→【合并对象】菜单命令组中的相关命令进行设置。

【删除封套】：该命令可以使进行过封套变形的对象去掉封套变形，恢复为原状态。

【联合】：该命令将多个图形联合在一起成为一个对象，不论其绘制模式为合并绘制还是对象绘制，联合后的对象全部为对象绘制模式。

【交集】：该命令将多个图形重合的部分创建为新的对象。

【打孔】：该命令可以用上方对象的形状去挖空下方对象的重叠部分，将剩余的部分创建为新的对象。

【裁切】：该命令可以用上方对象的形状去裁切下方对象，将下方对象的重叠部分剪下来创建为新的对象。

2．组合对象

组合对象是将多个对象组合为一个整体，作为一个对象进行统一操作，这样既可避免绘制其他图形时对他们产生误操作，又利于制作补间动画。

对象的组合操作很简单，只需选中所有要组合的对象，然后选择【修改】→【组合】菜单命令或按【Ctrl+G】组合键，即可完成对象的组合。如果想将组合的对象分解为原来的单个对象状态，可以选择【修改】→【取消组合】菜单命令，将对象的组合状态取消。

3．分离对象

分离对象可以将整体的图形对象打散，成为由色块组成的可编辑的矢量图形，这样就可以对图形进行各种扭曲、封套等变形操作，此外要做变形动画也必须要把图形分离。

分离对象的操作也非常简单，首先选择需要分离的对象，然后选择【修改】→【分离】菜单命令或按【Ctrl+B】组合键，即可实现对象的分离。

4．排列对象

在 Flash 中先创建的对象放置在下层，后创建的对象放置在上层，而对象的叠放顺序将直接影响图形的显示效果，所以需要用排列对象操作对同一图层中各个对象的上下叠放顺序进行调整，在【修改】→【排列】菜单项下有一组命令可以实现对象的位置调整。

5．锁定对象

锁定对象可以将不需要编辑的对象锁定，从而防止编辑其他对象时影响到它们。如果需要再次编辑此锁定了的对象，则解除对象的锁定即可。对象的锁定与解除锁定操作可以通过【修改】→【排列】命令组中的【锁定】与【解除全部锁定】命令完成。

6．对齐对象

对齐对象是指将选择的多个对象按照一定的方式进行对齐操作，可以通过【修改】→【对齐】菜单项下相应的命令完成，也可以通过"对齐"面板进行操作。

任务四　绘制花儿向阳开场景

一、绘制背景

1．绘制天空

新建一个 Flash 文档，命名为"花儿向阳开.fla"。进入文件后，将默认图层重命名为"天空"。选择【矩形工具】，设置笔触颜色为"黑色（#000000）"，无填充颜色，沿舞台边缘画一个透明的矩形。然后选择【颜料桶工具】按钮，打开"颜色"面板，填充类型设为"线性"，左侧节点颜色设为"蓝色（#336699）"，右侧节点颜色设为"浅蓝色（#99FFFF）"，然后将鼠标由矩形底部中间向顶部中间拖动，用渐变色填充矩形，再选择矩形的笔触线条，将其删除，最后只留下填充色，如图 3-17 所示。

2．绘制太阳

新建一个图层，命名为"太阳"。选择【椭圆工具】，设置笔触颜色为"无"，填充颜色为"放射状渐变色"，打开"颜色"面板，填充类型设为"放射状"，左侧起第一个节点颜色设为"深红色（#CC0000）"，第二个节点颜色设为"橙红色（#FF0000）"，第三个节点颜色设为"橙色（#FF9900）"，第四个节点颜色设为"白色（#FFFFFF）"，Alpha 为 0%，如图 3-18 所示。然后用鼠标在舞台左上方绘制一个正圆形，用【选择工具】选中所绘制的圆，选择【修改】→【形状】→【扩展填充】菜单命令，向外扩展填充，参数设置如图 3-19 所示。最后选择【修改】→【形状】→【柔化填充边缘】菜单命令，将填充进行柔化，柔化参数如图 3-20 所示，柔化后的最终效果如图 3-21 所示。

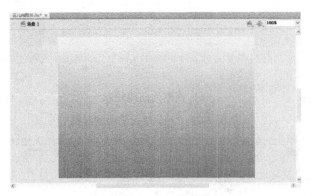

图 3-17　绘制天空

图 3-18　太阳填充色设置

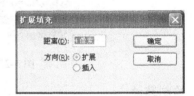

图 3-19　"扩展填充"对话框

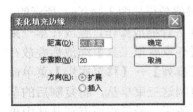

图 3-20　"柔化填充边缘"对话框

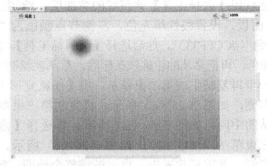

图 3-21　柔化后的太阳

3．绘制白云

新建一个图层，命名为"白云"。设置笔触颜色为黑色，用【钢笔工具】绘制白云的直线路径，如图 3-22（a）所示。然后用【转换锚点工具】调整各个锚点，绘制出如图 3-22（b）所示的白云轮廓。再用白色填充白云，并将黑色轮廓线删除。用【选择工具】选中所绘制的白云，再选择【修改】→【形状】→【扩展填充】菜单命令，向外扩展填充，选择【修改】→【形状】→【柔化填充边缘】菜单命令，将填充进行柔化，填充和柔化的参数同上，柔化后的白云如图 3-22（c）所示。再复制出第二朵白云，用【任意变形工具】缩小并移动到右上方，如图 3-23 所示。

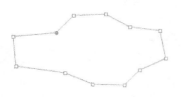
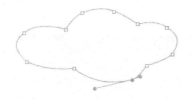

（a）绘制直线轮廓　　　　　（b）调整为曲线轮廓　　　　　（c）柔化后的白云

图 3-22　一朵白云的绘制过程

图 3-23　"白云"图层完成效果

4．绘制草地

　　新建一个图层，命名为"草地"。用【钢笔工具】绘制一丛草的直线路径，如图 3-24（a）所示。然后用【选择工具】调整线的弯曲度，绘制出如图 3-24（b）所示的草丛轮廓。打开"颜色"面板，设置线性填充色，左侧节点颜色为"草绿色（#00CC00）"，右侧节点颜色为"浅黄绿色（#CCFF33）"。然后选择【颜料桶工具】，用鼠标单击草丛底部，并向上拖动，为草丛填充颜色，再把草丛的轮廓线条删除，草丛就绘制完成了，最终效果如图 3-24（c）所示的。

　　下一步再复制生成第二束草丛，用【任意变形工具】对其进行缩放操作，叠放在第一束草丛的右侧，如图 3-25（a）所示。再复制第三束草丛，用【任意变形工具】缩放后叠放在两束草丛的中间，如图 3-25（b）所示。再选择【修改】→【排列】→【移至底层】菜单命令将第三束草丛放在最下方，如图 3-25（c）所示。然后再复制这三束草丛，将复制后的草丛放在右侧，并重复此操作，直至铺满整个地面，如图 3-26 所示。最后将所有草丛选中再复制一份，并选择【修改】→【变形】→【水平翻转】菜单命令将它们做 180°旋转，然后与原来的草丛叠放在一起，最终完成如图 3-27 所示的草地。

（a）绘制直线轮廓　　　　　（b）调整为曲线轮廓　　　　　（c）填充后的草丛

图 3-24　一束草丛的绘制过程

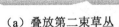

（a）叠放第二束草丛　　　　　（b）叠放第三束草丛　　　　　（c）下移第三束草丛

图 3-25　草丛叠放的绘制过程

图 3-26　草丛铺满地面

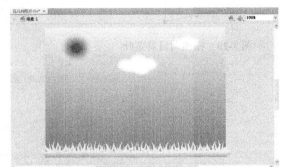

图 3-27　完成"草地"图层绘制

5. 绘制变形的向日葵

在"草地"图层下方新建一个图层，命名为"变形的花朵"。打开"向日葵.fla"文件，选择花蕊和花瓣的全部对象进行复制，并粘贴在"变形的花朵"图层中，再选择【修改】→【合并对象】→【联合】菜单命令将它们合并为一个整体，并做缩小操作。然后选择【修改】→【变形】→【扭曲】菜单命令对向日葵进行扭曲操作，制作出向日葵向阳开放的效果，如图 3-28 所示。

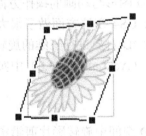

图 3-28　扭曲向日葵花朵

按上面的方法将向日葵的茎叶也复制到"变形的花朵"图层中，再做扭曲、缩放操作，如图 3-29 所示。然后将茎叶放置在花朵的下一层，再与花朵组合，形成一支变形的向日葵，如图 3-30 所示。

多复制几株变形的向日葵，并对其进行不同的缩放，错落的排列在舞台的右下角，最后完成"花儿向阳开"的绘制，如图 3-31 所示。

图 3-29　扭曲向日葵茎叶

图 3-30　变形的向日葵

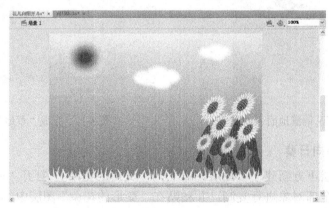

图 3-31　"花儿向阳开"完成图

 知识加油站 ‹·

　　Flash 作为二维动画软件，在 3D 图形与动画的操作方面一直有所欠缺，早期的版本中必须借助第三方软件才能完成。Flash CS4 在这方面做了很大的改进，增加了 3D 旋转工具和 3D 平移工具，允许用户使用它们对 2D 对象进行三维的旋转和移动。从而创建出逼真的三维透视效果。3D 效果需在 Flash 文件（ActionScript 3.0）中实现。

一、3D 旋转工具

　　使用【3D 旋转工具】可以在 3D 空间中旋转影片剪辑实例。在工具面板上单击【3D 旋转工具】按钮，再选中影片剪辑实例对象，此时实例对象上将出现 3D 旋转控件，其中红色的线表示 X 轴旋转，绿色的线表示 Y 轴旋转，蓝色的线表示 Z 轴旋转，橙色的线表示同时绕 X 轴和 Y 轴旋转。如需旋转实例对象，只需将鼠标放置到需要旋转的轴线上拖动，则对象会随着鼠标的移动进行旋转，如图 3-32 所示。

图 3-32　3D 旋转

　　在工具面板中选择【3D 旋转工具】后，面板下方的选项区将出现其选项设置，包括两个选项按钮——【贴紧至对象】和【全局转换】。其中【全局转换】按钮默认为选中状态，表示当前状态为全局状态，在全局状态下旋转对象是相对于舞台进行旋转。否则表示当前转换为局部状态，在局部状态下旋转对象是相当于影片剪辑进行旋转。

二、3D 平移工具

【3D 平移工具】用于将影片剪辑实例对象在 X、Y、Z 轴方向上进行平移。当使用【3D 平移工具】选择实例对象后，实例对象的中心点上会出现一个三维坐标，分别表示当前对象的 X、Y、Z 轴线方向，将鼠标分别放置到 X、Y、Z 轴线上并沿轴线拖动，则实例对象会沿着相应的轴线方向进行平移，如图 3-33 所示。

图 3-33　3D 平移

 实训演练 ◀·

利用前面学习过的【任意变形工具】和各种对象编辑操作绘制一幅浮动的气球的场景，具体绘制过程如下。

（1）新建一个 Flash 文档，命名为"热气球.fla"，将默认图层重命名为"气球 1"。

（2）如图 3-34 所示绘制热气球轮廓。选择【椭圆工具】，在"属性"面板中设置笔触颜色为"灰色（#666666）"，无填充颜色，笔触大小为 1，然后按住【Shift】键在舞台上绘制一个椭圆。再用【线条工具】沿椭圆下边缘绘制气球的底部，形成热气球的雏形，最后利用【选择工具】将图形调整为热气球的形状。

图 3-34　绘制热气球轮廓

（3）如图 3-35 所示制作条形图案。选择【线条工具】在气球上绘制一条直线，再利用【选择工具】将直线调整为曲线，再复制出第二条曲线，用【任意变形工具】调整第二条曲线并放在第一条曲线旁边。重复前面的复制、变形曲线操作，制作出条形图案，并在下方利用【线条工具】绘制下端口。

（4）如图 3-36 所示绘制热气球的篮子。

（5）填充热气球颜色。选择【颜料桶工具】，将热气球条纹部分填充颜色分别设为"粉色（#FF6599）"和"蓝色（#6699CC）"，然后填充条纹内部，底部和篮子部分填充颜色设为"紫色（#660033）"和"黑色（#000000）"，填充后的热气球如图 3-37 所示。

 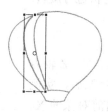  

（a）绘制一条曲线　（b）制作第二条曲线　　（c）旋转曲线　（d）制作条状图案及下端口

图 3-35　绘制热气球条形图案

图 3-36　绘制热气球篮子

图 3-37　填色后的热气球

（6）新建一个图层，命名为"气球2"，复制"气球1"图层中的热气球形成第二个热气球。并修改该气球的填充颜色，热气球条纹部分填充颜色分别设为"黄色（#FFFF32）"和"绿色（#669900）"，然后填充条纹内部，底部和篮子部分填充颜色设为"墨绿色（#333300）"和"黑色（#000000）"。再选择【任意变形工具】将第2个热气球进行缩小变形处理，如图3-38所示。

图 3-38　热气球效果图

（7）绘制天空。新建一个 Flash 文件，命名为"浮动的热气球.fla"。进入文件后，将默认图层重命名为"天空"。选择矩形工具，设置【笔触颜色】为"黑色（#000000）"，无填充颜色，沿舞台边缘画一个透明的矩形。然后选择【颜料桶工具】，打开"颜色"面板，填充类型设为"线性"，左侧节点颜色设为"橘色（#FADBB0）"，右侧节点颜色设为"浅橘色（#FCEEE0）"，然后用鼠标单击矩形下部的中间向上拖动鼠标，用渐变色填充矩形，再选择矩形的笔触线条，将其删除，最后只留下填充色，如图3-39所示。

图 3-39　绘制天空

（8）绘制白云。新建一个图层，命名为"白云"。按照前面介绍的制作白云的方法制作白云。再复制出若干朵白云，用【任意变形工具】进行缩放、旋转、倾斜等操作，再调整它们的叠放顺序，形成如图 3-40 所示的形态各异、层叠排放的云朵。

图 3-40　绘制白云

（9）在"白云"图层上方新建一个图层，命名为"热气球"。打开"热气球.fla"文件，选择气球的全部对象复制，并粘贴在"热气球"图层中。为了让画面更加丰富美观，可以再选中其中的一个热气球进行复制粘贴，利用【任意变形工具】调整大小和形状，选择【颜料桶工具】任意修改复制的热气球的颜色。最终完成整个画面的绘制，如图 3-41 所示。

图 3-41　浮动的热气球完成图

拓展与练习◄·

一、填空题

1. 使用【任意变形工具】缩放对象时，按住_____键可以缩放对象的同时保持对象的长宽比例。

2. 按住快捷键_____可以群组对象，按住快捷键_____可以分离对象。

3. 只有_____的对象才能进行扭曲变形操作。

4. _____命令可以使图形的边缘变得柔和，如同 Photoshop 软件中的羽化效果一样。

5. 合并对象中的_____命令，可以用上方对象的形状去挖空下方对象的重叠部分，将剩余的部分创建为新的对象。

6. 3D 旋转与平移工具只能对_____进行旋转和平移操作。

7.【3D 旋转工具】中的_____选项用来控制对象是否相对于舞台旋转。

二、拓展题

利用知识加油站中学习的【3D 旋转工具】与【3D 平移工具】完成下面"海滩椰林"的场景设计。其步骤参考如下。

图 3-42　导入背景图

1. 新建一个 Flash 文件（ActionScript 3.0），命名为"海滩椰林.fla"，导入素材中"素材与实例→project03→素材"目录下的"海滩背景.jpg"图片，调整至舞台大小，如图 3-42 所示。

2. 新建一个图层，命名为"海鸥 1"，将"海鸥.fla"文件中的海鸥复制过来，在选中状态下，选择【修改】→【转换为元件】菜单命令，在打开的对话框中按如图 3-43 所示参数将图形转换为影片剪辑元件。转换后海鸥与背景的位置关系如图 3-44 所示。

3. 再复制一只海鸥，选择【3D 旋转工具】 ，取消【全局转换】选项。分别对两只海鸥的"X、Y、Z"轴进行旋转操作，如图 3-45 所示。

图 3-43　图形转换为影片剪辑

图 3-44　加入海鸥的场景

图 3-45　海鸥在 X 和 Y 轴的变形

4．选择【任意变形工具】，对海鸥的大小、方向进行调整，如图 3-46 所示。

5．再复制第三只海鸥，选择【3D 平移工具】按钮，将【全局转换】选项取消，分别对海鸥的"X、Y、Z"轴进行位置的平移调整，如图 3-47 所示。

图 3-46　3D 旋转后的海鸥

6．按照同样的方法，重复前面的旋转、平移操作，将复制、调整出若干只形态各异的海鸥，最终完成画面效果如图 3-48 所示。

图 3-47　3D 平移后的海鸥

图 3-48　最终效果图

项目四 飞舞的蝴蝶——传统补间动画和关键帧动画的制作

前面学习图形绘制与编辑的目的是为了能够随心所欲地绘制出动画需要的造型、道具和背景，这些仅仅是为制作 Flash 动画做准备，从本项目开始，我们就要学习制作 Flash 动画了。

本项目以飞舞的蝴蝶为实例，详细介绍了 Flash 中基本动画的相关知识和制作方法，包括关键帧动画、传统补间动画和补间形状动画。此外，在知识加油站里还介绍了元件、实例与库这三个制作 Flash 动画的基本元素。

能力目标

◆ 了解补间动画的相关知识，熟练掌握补间动画的制作方法。

◆ 了解关键帧动画的相关知识，熟练掌握关键帧动画的制作方法。

◆ 理解元件、实例与库的概念并掌握其相关操作。

任务一　认识帧与关键帧动画

一、帧的概念与类型

在 Flash 中，帧的概念贯穿了动画制作的始终，它是进行 Flash 动画制作的最基本的单位，每一个精彩的 Flash 动画都是由很多个精心雕琢的帧构成的。在时间轴上，每一帧都由一个动画轨道上的小矩形方框表示，装载着 Flash 作品的所有显示内容，包括图形、声音、各种素材和其他多种对象。

Flash 中的帧主要有三种类型：关键帧、空白关键帧和普通帧。

1. 关键帧

关键帧是可以在舞台上编辑其内容的帧。这些内容可以是自己绘制的图形，也可以是外部导入的图形或声音等。创建关键帧的方法有以下两种。

（1）选择【插入】→【时间轴】→【关键帧】菜单命令或按【F6】快捷键，便可插入一个关键帧。

（2）在"时间轴"面板中要插入关键帧的地方右击，在弹出的快捷菜单中选择【插入关键帧】命令，同样可以插入一个关键帧。

2. 空白关键帧

没有内容的关键帧被称为空白关键帧。在时间轴上有内容的关键帧用实心圆表示，无内容的空白关键帧用空心圆表示。在空白关键帧中加入对象则该帧自动转换为关键帧，相反如果将关键帧中的所有对象全部删除，则该帧会转换为空白关键帧。选择【插入】→【时间轴】→【插入空白关键帧】菜单命令或按【F7】快捷键，可以插入一个空白关键帧。

3. 普通帧

普通帧的作用是延续上一个关键帧的内容。用户不能直接编辑普通帧上的内容，只能通过编辑前面的关键帧，或将普通帧转换为关键帧来进行修改。选择【插入】→【时间轴】→【帧】菜单命令或按【F5】快捷键，可以插入一个普通帧。

二、帧的基本操作

1. 选择帧

选择帧是帧操作的基础，在时间轴上单击第几帧同时也是选择了该帧在舞台中的对象。常用的帧选择方法如下。

（1）选择同一图层中的单帧：在时间轴右侧的时间线上单击第几个矩形块，即可选择第几帧。

（2）选择同一图层中相邻的多帧：在时间轴右侧的时间线上选择起始帧，按住【Shift】键的同时选择结束帧，则这两帧之间的所有帧全部被选中了。

（3）选择相邻图层中单帧或多帧：先选择一个图层中的单帧或多帧，再按住【Shift】键选择其他图层中的相同帧；或选择一帧或多帧后向上或向下拖动鼠标，同样可以选择相邻图层中的单帧或多帧。

（4）选择不相邻的多帧：按住【Ctrl】键，同时单击要选择的帧，可以是不相邻的帧，也可以是不同图层中不相邻的帧，这种方式最灵活。

2．编辑帧

在 Flash 中帧也可以像动画对象一样进行编辑，它的编辑命令主要在【编辑】→【时间轴】菜单命令组下，可以进行相应的复制帧、剪切帧、粘贴帧和删除帧操作，也可以选中要编辑的帧后，在快捷菜单中选择相应的命令进行编辑。

三、关键帧动画

关键帧动画是动画中最基本的类型，同传统的动画制作方法类似，它的制作原理是将一个动画过程分解为多个不同的画面，再将这些画面放在连续的多个关键帧中，使其连续播放就得到原来的动画效果了。

制作关键帧动画需要手动制作每一个关键帧中的内容，因此适合表现一些细腻的动画，比如 3D 效果、面部表情、走路、转身等，这就对用户提出了较高的要求，需要其有较强绘图功底和逻辑思维能力。

任务二　制作蝴蝶扇动翅膀的影片剪辑

一、创建蝴蝶图形元件

1．导入素材

新建一个名为"飞舞的蝴蝶"的 Flash 文件，在菜单栏中选择【文件】→【导入】→【导入到库】菜单命令，将素材中"素材与实例→project04→素材"目录下的背景、蝴蝶身体与蝴蝶翅膀三个素材导入到库。

2．新建图形元件

在菜单栏中选择【插入】→【新建元件】菜单命令，打开如图 4-1 所示的"创建新元件"对话框，元件名称为"蝴蝶"，类型为"图形"，单击【确定】按钮，进入元件编辑界面。

3．制作蝴蝶图形元件

在元件编辑界面中命名一个"蝴蝶"图层，从"库面"板中将蝴蝶身体和蝴蝶翅膀图片拖动到舞台中央，单击工具栏中的【选择工具】按钮，按住【Alt+Shift】组合键向左侧拖动复制出一个翅膀，如图 4-2 所示。

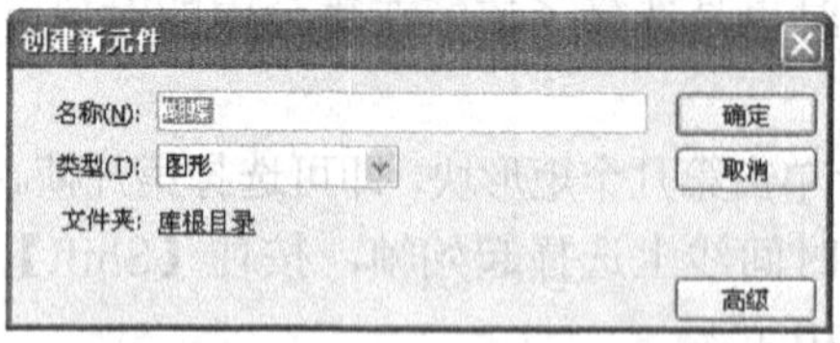

保持翅膀的选中状态，选择【修改】→【变形】→【水平翻转】菜单命令，将复制的翅膀水平翻转，并移动到蝴蝶身体的左侧形成蝴蝶的左翅膀，调整蝴蝶身体、左翅膀和右翅膀的位置，得到完整的蝴蝶效果，如图 4-3 所示。

图 4-1　创建图形元件

图 4-2　复制蝴蝶翅膀

图 4-3　完整蝴蝶效果

二、创建蝴蝶飞影片剪辑

1. 新建影片剪辑元件

选择【插入】→【新建元件】菜单命令，打开
如图 4-4 所示的"创建新元件"对话框，元件名称
为"蝴蝶飞"，类型为"影片剪辑"，单击【确定】
按钮，进入元件编辑界面。

2. 制作第一个关键帧

从"库"面板中将蝴蝶图形图片拖动到舞台中
央，使用【任意变形工具】，选中蝴蝶对象，然后
将其进行旋转调整，如图 4-5 所示，生成第一个关键帧画面。

图 4-4　创建影片剪辑元件

图 4-5　制作第一个关键帧

3. 制作第二个关键帧

在"时间轴"面板中选择图层的第 2 帧，选择【插入】→【时间轴】→【关键帧】菜单
命令插入关键帧，此时舞台上出现与第一帧相同的画面，选中蝴蝶后使用【任意变形工具】，
对蝴蝶进行压缩调整，如图 4-6 所示，生成第二个关键帧画面。

图 4-6　制作第二个关键帧

4．制作第三个关键帧

选中第一帧的蝴蝶对象，按【Ctrl+C】组合键进行复制，然后选中第 5 帧，右击，打开快捷菜单，选择【插入空白关键帧】命令，插入一个空白关键帧，再按【Ctrl+Shift+V】组合键将蝴蝶粘贴在原位置，制作如图 4-7 所示的第三个关键帧。

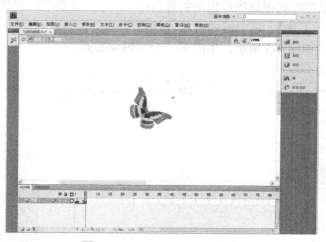

图 4-7　制作第三个关键帧

5．制作第四个关键帧

选中第二帧的蝴蝶对象，按【Ctrl+C】组合键进行复制，然后选中第 6 帧，按【F7】快捷键插入一个空白关键帧，再选择按【Ctrl+Shift+V】组合键将蝴蝶粘贴在当前位置，制作如图 4-8 所示的第四个关键帧。

6．制作其他关键帧

先按住【Ctrl】键，然后分别选中第 9、11、13 和 16 帧，再按【F7】快捷键加入空白关键帧，最后分别在每帧中原位粘贴第一帧中的蝴蝶对象。分别在第 10、12、14 和 17 帧处插入空白关键帧，将第二帧中的蝴蝶分别用【粘贴到当前位置】命令复制至第 10、12、14 和 17 帧中，这样就可以较逼真地模拟出蝴蝶飞舞时翅膀的变化。完成蝴蝶飞的关键帧动画后，"时间轴"面板如图 4-9 所示。

图 4-8　制作第四个关键帧

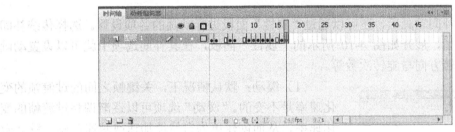

图 4-9　制作其他关键帧

任务三　认识传统补间动画

一、传统补间动画

传统补间动画是 Flash 中较为常见的基础动画类型，在 Flash CS4 以前的版本中称为动画补间动画，使用它可以制作出对象的位移、变形、选择、透明度以及色彩变化的动画效果。

与关键帧动画不同，传统补间动画不需要制作每一个关键帧的对象内容，只要在前后两个关键帧中放置同一个动画对象，再对这两个关键帧中动画对象的位置、角度、大小、透明度和颜色等进行不同的设置，中间各帧上动画对象的变化状态就可以由 Flash 自动生成，这样只要设计制作两个关键帧的内容就可以完成一个动画过程。

二、创建传统补间

1. 制作动画对象

制作传统补间动画时，两个关键帧上的动画对象必须是元件实例，如果要使用文本、位图、群组或分离的矢量图形等对象制作传统补间动画，则必须先将它们转换为元件。否则对于分离的矢量图形不能成功创建元件，其他的对象系统会自动创建默认的图形元件，这样不利于元件的管理。

2．制作关键帧

制作传统补间动画时，必须至少要制作两个关键帧来确定动画的起始状态和结束状态，而且这两个状态必须要有一些变化，否则制作的动画将没有动作变化的效果。如果动画的变化过程比较复杂，那么就需要在中间多加几个关键帧，每一个变化的关键转折点都要用一个关键帧记录，这样才能更好地体现动画过程。

3．创建传统补间

在时间轴上两个关键帧之间任意选择一帧，利用【插入】→【传统补间】菜单命令，或快捷菜单中的【创建传统补间】命令，就可以在两个关键帧之间创建一个传统补间动画，如果动画过程复杂，中间有许多关键帧，那么就要在每两个关键帧中间创建一个传统补间动画。

三、传统补间动画属性设置

创建完传统补间动画后，还可以通过"属性"面板进行动画的各项设置。选择传统补间动画中的任意一帧，展开如图 4-10 所示的"属性"面板，在其补间选项中就可以设置动画的运动速度、旋转方向与旋转次数等。

图 4-10　传统补间动画属性设置

（1）缓动：默认情况下，关键帧之间的过渡帧的变化速率是不变的。"缓动"选项可以逐渐调整过渡帧的变化速率，从而创建更为自然地加速或减速动画。默认数字为 0，取值范围为-100～+100，负值为加速动画，正值为减速动画。

（2）旋转：用于设置对象旋转的动画，单击右侧的【自动】按钮，在弹出的下拉列表中，有下列选项。

● 无：选择该项，不设定旋转。

● 自动：在需要最少动作的方向上将对象旋转一次。

● 顺时针：选择该项可以将对象进行顺时针方向旋转，并且在右侧设置旋转次数。

● 逆时针：选择该项可以将对象进行逆时针方向旋转，并且在右侧设置旋转次数。

（3）贴紧：勾选该项，可以将对象紧贴到引导线上。

（4）同步：勾选该项，可以使图形元件实例的动画和主时间轴同步。

（5）调整到路径：制作运动引导线动画时，勾选该项可以使动画对象沿着运动路径运动。

（6）缩放：勾选该项，用于改变对象的大小。

任务四　制作蝴蝶飞舞的传统补间动画

1．制作动画背景

单击编辑栏中的 ![场景1] 按钮返回主场景。将图层命名为"背景"，再从"库"面板中将背景图片拖动舞台中，使用【任意变形工具】调整至舞台大小，然后选中第 60 帧，按【F6】快捷插入关键帧，这样从第 1～60 帧就都能显示背景图片了，如图 4-11 所示。

2．导入"蝴蝶飞"影片剪辑

在"背景"图层上新建一个图层并命名为"蝴蝶"，选中"蝴蝶"图层的第一帧，从"库"面板中将名为"蝴蝶飞"的影片剪辑元件拖动到舞台上，使用【任意变形工具】调整其大小，并放置在如图 4-12 所示的位置。

图 4-11　制作背景图层

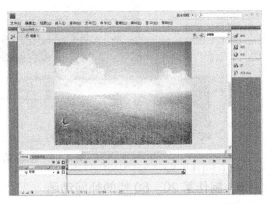
图 4-12　导入"蝴蝶飞"影片剪辑

3．制作第 10 帧效果

选中"蝴蝶"图层，单击第 10 帧，按【F6】快捷键插入关键帧，然后使用【任意变形工具】按照如图 4-13 所示的方向和位置调整蝴蝶对象。

4．制作第 1～10 帧的补间动画

选中时间轴上第 1～10 帧之间的任意一帧，选择【插入】→【传统补间】菜单命令，创建第 1～10 帧之间的补间动画，由计算机自动生成第 2～9 帧每一帧中蝴蝶的飞舞方向与位置。创建补间动画后其时间轴变化如图 4-14 所示。

图 4-13　第 10 帧的蝴蝶

图 4-14　创建第 1～10 帧的补间动画

5．制作第 10～20 帧的补间动画

选中第 20 帧，按【F6】快捷键插入关键帧，然后使用【任意变形工具】按照如图 4-15 所示的方向和位置调整蝴蝶对象。再在第 10～20 帧之间的任意一帧上右击，打开快捷菜单，选择【创建传统补间】命令创建第 10～20 帧之间的补间动画。

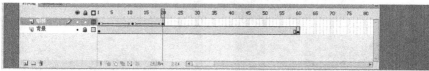

图 4-15　创建第 10～20 帧的补间动画

6. 制作第 20～60 帧的补间动画

按住【Ctrl】键，分别选中第 30、40、50 和 60 帧，再按【F6】快捷键加入关键帧，然后按照如图 4-16 所示的位置和方向调整蝴蝶对象。再分别在第 20～60 帧每 10 帧之间创建一个补间动画。

（a）第 30 帧的蝴蝶　　　　　　　　　　　　　　（b）第 40 帧的蝴蝶

（c）第 50 帧的蝴蝶　　　　　　　　　　　　　　（d）第 60 帧的蝴蝶

图 4-16　第 30、40、50、60 各关键帧中蝴蝶的方向与位置

最后得到如图 4-17 所示的蝴蝶在空中飞舞的动画。

7. 测试动画

选中第 1 帧，选择【控制】→【播放】菜单命令或按【Enter】键在舞台中播放动画，可以测试蝴蝶飞舞的位置、速度等是否符合实际情况，如果有需要还可以更改各关键帧的位置及帧中的内容，直到用户满意为止。

注意影片剪辑的内容在舞台中播放时是不显示的，即蝴蝶的翅膀不能扇动，只能看到蝴蝶在空中飞舞的路线。要想看到蝴蝶边扇动翅膀边飞舞的动画效果，要选择【控制】→【测试影片】或【测试场景】菜单命令。

图 4-17　蝴蝶在空中飞舞的完整动画

 知识加油站

一、元件、实例与库

元件是一些可以重复使用的图像、动画或按钮，它们被保存在库中，构成 Flash 动画的基本要素。它就相当于一个模板，舞台上所有这种类型的动画对象都是这个元件的实例。元件的应用可以使影片的编辑更加容易，只要修改元件模板，所有该元件的实例都会自动更新。此外，运用元件还可以显著减小文件的尺寸，加快影片的播放，因为元件在浏览器上只需下载一次。

用户可以根据动画的具体应用直接创建元件的不同类型，在 Flash 软件中，元件类型共有三种：影片剪辑、图形与按钮，这三种类型的元件都有各自的特性与作用。

1. 影片剪辑元件

影片剪辑是一个万能的元件，它拥有自己独立的时间轴，在场景的舞台中影片剪辑的播放不会受到主场景时间轴的影响，并且在 Flash 中还可以对影片剪辑进行 Action Script 动作脚本的设置。影片剪辑元件通常用于以下情况。

（1）当需要制作不受主时间轴控制的动画片段时，应使用影片剪辑。如下雨、下雪或人物走路等动画效果。

（2）当需要多个动画片段嵌套制作复杂的动画效果时，应使用影片剪辑。

（3）当制作交互动画时，应将需要添加动作脚本的对象制作成影片剪辑。

2．图形元件

在 Flash 中，图形元件用于制作需要重复使用的静态图形（或图像），以及附属于主时间轴的可重复使用的动画片段。因此图形的播放会受到主场景的影响，而且不能对图形进行 ActionScript 动作脚本的设置。图形元件通常用于以下情况。

（1）静态图形（或图像）需要重复使用时，最好将其创建为图形元件。

（2）当使用静态对象创建传统补间或补间动画时，最好先将其转换为图形元件。

（3）如果要把 Flash 动画导出为 GIF 等格式的图像动画或导出成图像序列，那么包含动画片段的元件必须是图形元件。

3．按钮元件

按钮是一种特殊的元件类型，在 Flash 动画中使用按钮元件可以实现用户与动画的交互。按钮元件拥有一个 4 帧的时间轴，分别为弹起、指针经过、按下和点击。其中，前 3 帧分别显示鼠标弹起、指针经过、按下时的 3 种状态，第 4 帧用于定义按钮的活动区域。实际上时间轴并不播放，它只是对指针的运动和动作做出反应，跳到相应的帧上去。

4．创建元件

在 Flash 中，一般对使用一次以上的对象，尽量都要将其转换为元件，创建元件的方法有以下两种。

（1）直接创建新元件。选择【插入】→【新建元件】菜单命令或按【Ctrl+F8】组合键，在弹出的"创建新元件"对话框中即可创建 3 种类型的元件。

（2）转换对象为元件。选择舞台中的对象，选择【修改】→【转换为元件】菜单命令，在弹出的转换为元件对话框中将对象转换为不同的元件类型。

5．库

在 Flash 中，创建的元件、从外部导入的图像、视频和音频等素材都存放在库中，库是用来管理这些元件与素材的。在"库"面板中用户可以自由地对元件与素材进行组织与管理，实现复制、重命名、排列和删除等操作。

二、补间形状动画

补间形状动画是动画的一种，用于创建形状变化的动画效果，使一个形状变成另一个形状，同时也可以设置图形位置、大小和颜色的变化。创建补间形状动画的过程如下。

（1）制作补间形状动画的动画对象。因为补间形状动画是要对图形的形状、颜色等进行逐渐变化，因此动画对象必须是分离的矢量图像，如果是文字或位图，则必须要先分离才能进行变形。

（2）制作补间形状动画的关键帧。与创建传统补间相同，都是制作变化前的第一帧和变化后的最后一帧。但是如果不加任何控制，可能会在变形的过程中出现杂乱的变形动画效果，不能到达预期的要求，为此可以添加形状提示。首先单击第一帧，选择【修改】→【形状】→【添加形状提示】菜单命令，在图形中将出现一个提示点，默认从 a 开始按字母顺序排列，多添加几个提示点，放置在如图 4-18（a）所示的位置。选择最后一帧，将相应的提示点放在如图 4-18（b）所示的位置上，这样在变形时动画将会按指定好的提示点对应位置进行变形，而不会出现杂乱变形的效果。

(a)第一帧中提示点的位置　　　　　　(b)最后一帧中提示点的位置

■ 图4-18　添加提示点

（3）创建补间形状动画。在时间轴上两个关键帧之间任意选中一帧，选择【插入】→【补间形状】菜单命令，或快捷菜单中的【创建补间形状】命令，就可以在两个关键帧之间创建一个补间形状动画。

 实训演练 ◄·

利用前面学习过的制作关键帧动画和传统补间动画的方法制作一个小熊行走的动画。其步骤参考如下。

（1）新建一个 Flash 文档，命名为"小熊走路.fla"。进入文件后，将默认图层重命名为"小熊"。

（2）绘制小熊。利用【线条工具】和【选择工具】绘制出的小熊头部雏形，如图 4-19 所示。再利用同样的方法绘制出小熊的躯干部分，如图 4-20 所示。最后选择【颜料桶工具】给小熊填充颜色，眼球和鼻头为"黑色（#000000）"，躯干为"橘色（#FF9932）"，肚皮和鼻子为"（#FFCC99）"，如图 4-21 所示。

■ 图4-19　绘制小熊头部　　　■ 图4-20　绘制小熊躯干部分　　　■ 图4-21 填色后的小熊

（3）按照运动规律，一个走路循环一般分解为 8 个小动作。按照同样的方法，逐一绘制出剩下 7 只小熊的图案，如图 4-22 所示。

■ 图4-22　小熊的"8 步循环走"

（4）创建小熊行走的影片剪辑。按【Ctrl+F8】组合键创建一个名称为"小熊走"的影片剪辑元件。

（5）选中"第一只小熊"，按【Ctrl+C】组合键逐帧复制到"小熊走"元件"图层1"中的第1帧。选中"第二只小熊"按【Ctrl+C】组合键逐帧复制到"小熊走"元件"图层1"中的第3帧。单击时间轴上【绘制纸外观】按钮，调整"第二只小熊"与"第一只小熊"的位置，注意两只小熊的脚要对齐，不然影响整个循环动作的效果。如图4-23所示。

（6）用同样的方法，将剩下的几只小熊分别复制到"小熊走"元件中"图层1"中的第5、7、9、11、13、15帧。时间轴如图4-24所示。

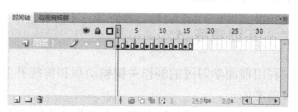

图4-23　前后两帧小熊之间的位置关系　　　图4-24　关键帧动画的时间轴面板

（7）单击编辑栏中的"场景1"按钮返回主场景。删除所绘制的小熊，从"库"面板中将名为"小熊走"的元件拖动至舞台上，使用【任意变形工具】调整其大小、位置。再在"小熊"图层下新建图层并命名为"背景"，按【Ctrl+R】组合将素材中"素材与实例→project04→素材"目录下的"白雪.jpg"导入到舞台，如图4-25所示。在第80帧处插入关键帧。

图4-25　拖入舞台的小熊元件

（8）选择"小熊"图层，在时间轴面板上，分别在第30、60、80帧处创建关键帧，改变小熊行走的位置，并创建传统补间，完成小熊走路的动画，如图4-26所示。

图 4-26　小熊走路动画

拓展与练习

一、填空题

1．按_____键可将舞台上的对象转换为元件；按_____键可直接创建元件。
2．用于创建传统补间的对象必须是_____；用于创建补间动画的对象可以是_____或_____；用于创建形状补间动画的对象必须是_____。
3．元件分为_____、_____和_____三种类型。
4．在创建形状补间动画时，可通过_____来约束形状的过渡。
5．可以为影片剪辑实例而不能为图形元件实例设置的属性是_____。
6．创建补间动画后，可在_____面板中设置对象在各帧上的属性参数。

二、拓展题

利用前面学习过的制作补间形状动画和传统补间动画的方法制作一个水母游动的动画。其步骤参考如下。

1．新建一个 Flash 文档，命名为"游动的水母.fla"。进入文件后，将默认图层重命名为"背景"。导入素材中"素材与实例→project04→素材"目录下的"海底世界.jpg"图片，调整至舞台大小，如图 4-27 所示，在第 30 帧处插入关键帧，延长背景显示。

图 4-27　导入海底世界背景图

2. 创建一个名称为"水母游"的影片剪辑元件，选择【线条工具】，笔触颜色为黑色，画出水母的头部，如图 4-28 所示。利用同样的方法绘制水母的足部，如图 4-29 所示。

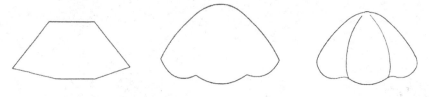

■ 图 4-28　绘制水母头部

3. 将水母的头部与足部组合，并将其所有线条颜色改为"#65CCFF"，如图 4-30 所示。

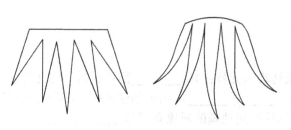

■ 图 4-29　绘制水母足部　　　　　　　　■ 图 4-30　更改水母线条颜色

4. 选择【颜料桶工具】给水母填充颜色，在"颜色"面板中按如图 4-31 所示设置参数，之后给水母进行渐变颜色填充。再选择工具栏中的【渐变变形工具】对水母身体渐变颜色的位置进行调整，如图 4-32 所示。

5. 在"图层 1"的第 15 帧处按【F6】快捷键插入关键帧，返回第一帧并选中水母，使用【任意变形工具】对其进行伸缩调整。

6. 复制第 1 帧，在第 30 帧处按【F7】快捷键插入空白关键帧，再按【Ctrl+Shift+V】组合键进行原位粘贴。按照同样的方法再复制第 15 帧中的水母至第 45 帧中，来模拟水母游动的变化，最后加入补间形状动画，此时的"时间轴"面板如图 4-33 所示。

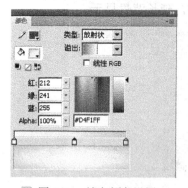　　　　　　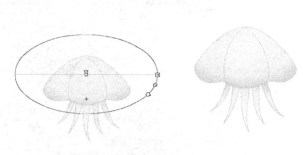

■ 图 4-31　填充颜色设置　　　　　　　　■ 图 4-32　调整渐变颜色位置

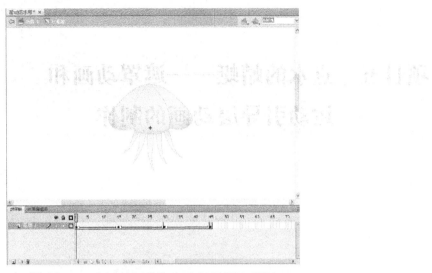

图 4-33　创建补间形状动画"时间轴"面板

7. 单击编辑栏中的 场景 1 按钮返回主场景，在图层背景上新建一个图层，并命名为"水母 1"，从"库"面板中将名为"水母游"的元件拖动至舞台上，使用【任意变形工具】调整其大小、位置，再利用传统补间动画在第 1～30 帧之间制作一个水母游动的动画。为了使画面生动美观，依照同样的方法创建"水母 2"图层，制作第二只水母的动画效果，如图 4-34 所示。

图 4-34　水母游动效果

项目五　点水的蜻蜓——遮罩动画和运动引导层动画的制作

　　除了前面学过的关键帧动画、传统补间动画和补间形状动画这些基本动画之外，Flash 还提供了运动引导层动画和遮罩动画这样的高级动画方式，使用它们可以创建更加生动、复杂的动画效果。

　　本项目以点水的蜻蜓为实例，重点介绍了遮罩动画和运动引导层动画的创建方法与制作技巧。此外，在知识加油站里还详细介绍了 Flash CS4 新增的补间动画的制作方法以及它与传统补间动画的区别。

能力目标

◆ 了解引导层动画的动画原理，熟练掌握引导层动画的制作方法。
◆ 了解遮罩动画的动画原理，熟练掌握遮罩动画的制作方法。
◆ 了解补间动画的基本原理、制作方法以及与传统补间动画的区别。

任务一　认识运动引导层动画

一、运动引导层动画原理

运动引导层动画是 Flash 常用的动画制作方法之一，利用它可以使对象沿着某种特定的轨迹进行运动。对象的运动轨迹被称为引导线，绘制引导线的图层被称为引导层，绘制运动对象的图层被称为被引导层，被引导层位于引导层下方。为被引导层上的对象创建传统补间就能够实现沿引导线的路径运动的动画效果。

引导层中的引导线在动画中仅起到描绘运动路径的作用，所以在动画播放过程中是不会显示出来的。此外，运动引导层动画还能实现多对象沿同一条路径运动的动画效果，这时在"时间轴"面板中，引导层的下方会有多个被引导层。

二、创建运动引导层动画的方法

1．创建运动引导层

首先创建"背景"、"飞鸟"图层，分别插入素材库中"背景.jpg"和"飞鸟.jpg"图像，如图 5-1（a）所示。接着创建运动引导层，最常用的方法就是使用【添加传统运动引导层】命令。在"时间轴"面板中选择运动对象所在的图层"飞鸟"图层，然后右击，在弹出的快捷菜单中执行【添加传统运动引导层】命令，即可在对象所在图层上创建一个运动引导层，同时对象所在图层变为被引导层，如图 5-1（b）所示。

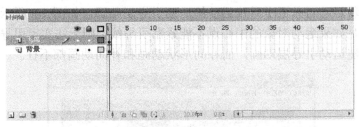

（a）创建"背景"和"飞鸟"图层

（b）创建引导层

图 5-1　创建运动引导层

2．绘制引导线

在引导层用【钢笔工具】、【铅笔工具】、【线条工具】、【椭圆工具】或【矩形工具】等绘图工具绘制出线段，作为对象运动路径的引导线，如图 5-2 所示。引导线必须是平滑、圆润、流畅的，如果出现中断、折点过多、转折过急等现象，则可能导致引导失败。

图 5-2 　绘制引导线

3．制作传统补间动画

要想使运动对象沿着引导线运动，必须为它创建传统补间。首先在第 40 帧处分别为三个图层插入关键帧，然后选中"飞鸟"对象图层，在第 1 帧中将运动对象放在引导线的开始端，必须让对象中心紧贴引导线。然后在第 40 帧中将对象紧贴放置在引导线结束端，然后选择第 1~40 帧之间任意一帧执行快捷菜单中的【创建传统补间】命令，为对象创建传统补间，这样就能实现运动对象沿引导线运动的运动引导层动画，如图 5-3 所示。

需要注意的是如果运动对象的中心点不能紧贴引导线，则无法实现引导。此外，只有传统补间动画能创建运动引导层动画，而补间形状动画和补间动画都不行。

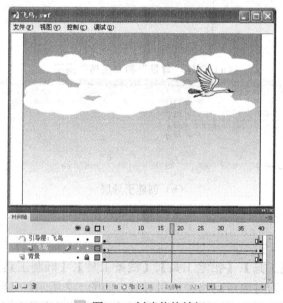

图 5-3 　创建传统补间

任务二　制作蜻蜓飞舞的引导层动画

一、导入背景图片

新建一个名为"点水的蜻蜓"的 Flash 文件，选择【文件】→【导入】→【导入到舞台】菜单命令，将素材中"素材与实例→project05→素材"目录下的"荷塘.jpg"图片导入到舞台，命名图层为"荷塘背景"。如图 5-4 所示。

二、创建蜻蜓元件

1. 导入蜻蜓图形元件

打开素材中"素材与实例→project05→素材"目录下的"蜻蜓.fla"文件，在"库"面板中选择"蜻蜓"图形元件，按【Ctrl+C】组合键复制元件，然后回到"点水的蜻蜓.fla"文件中，在"库"面板中按【Ctrl+V】组合键粘贴元件，即可完成"蜻蜓"图形元件的导入。

2. 新建影片剪辑元件

选择【插入】→【新建元件】菜单命令，创建新元件，名称为"蜻蜓振翅"，类型为"影片剪辑"，如图 5-5 所示，单击【确定】按钮。

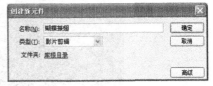

| 图 5-4　导入背景素材 | 图 5-5　创建"蜻蜓振翅"元件 |

3. 制作蜻蜓振翅动画效果

进入"蜻蜓振翅"影片剪辑的编辑界面，将"蜻蜓"元件拖入舞台，建立第 1 帧关键帧，按【Ctrl+B】组合键分离蜻蜓对象，然后在第 5 帧插入关键帧，选中蜻蜓左侧的翅膀，使用【任意变形工具】对左侧翅膀进行旋转，旋转的中心放在翅膀与身体的连接处，旋转方向如图 5-6（a）所示。按相同的方法旋转右侧翅膀，如图 5-6（b）所示，生成第 5 帧翅膀振动后的蜻蜓，如图 5-6（c）所示。

| （a）旋转左侧翅膀 | （b）旋转右侧翅膀 | （c）旋转后的蜻蜓 |

图 5-6　制作第 5 帧的蜻蜓

选中第 1 帧的蜻蜓对象，执行快捷菜单中的【复制帧】命令进行复制，然后选择第 10 帧和第 20 帧，执行快捷菜单中的【粘贴帧】命令，使第 10 帧和 20 帧与第 1 帧相同。再用同样的方法，将第 5 帧复制到第 15 帧和第 25 帧，完成了蜻蜓振动翅膀的循环动作，如图 5-7 所示。

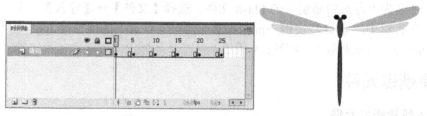

图 5-7　完成蜻蜓振翅动画制作

三、制作蜻蜓按路径飞行动画

1. 导入"蜻蜓振翅"影片剪辑

单击编辑栏中的【场景 1】按钮返回主场景。在"荷塘背景"图层上建一个名为"蜻蜓"的新图层，从"库"面板中拖动"蜻蜓振翅"元件到舞台上，使用【任意变形工具】调整其大小、位置，如图 5-8 所示。

图 5-8　导入"蜻蜓振翅"元件到场景

2. 创建运动引导层

选择"蜻蜓"图层，在快捷菜单中执行【添加传统运动引导层】命令，在"蜻蜓"图层上方创建一个引导层，使用【铅笔工具】在引导层中绘制出一条轨迹，如图 5-9 所示。

图 5-9　绘制引导线

3．创建传统补间

　　选择"荷塘背景"、"蜻蜓"和"引导层：蜻蜓"三个图层，在第 135 帧上插入关键帧。然后选择"蜻蜓"图层，在第 1 帧中将蜻蜓元件的中心点放到引导线的起点上，在第 135 帧中用【任意变形工具】调整蜻蜓的位置和方向，并将蜻蜓的中心放在引导线的终点，然后执行【创建传统补间】命令创建引导层动画，如图 5-10 所示。

　　此时看到的蜻蜓只是沿着路径平行移动，为了使蜻蜓的运动更为逼真，我们可以在第 10、35、50 和 110 帧加上调整蜻蜓飞行方向的关键帧。此外，在第 10 帧和第 20 帧上插入关键帧，让第 20 帧的内容与第 10 帧相同，实现第 10～20 帧蜻蜓停顿的效果，再按同样的方法制作第 50～100 帧停顿的效果，完成的蜻蜓飞行的引导层动画，如图 5-11 所示。

图 5-10　创建引导层动画

图 5-11　蜻蜓完整的运动轨迹

任务三　认识遮罩动画

一、遮罩动画原理

在 Flash 中，遮罩动画也是一种常用的高级动画，利用它可以制作渐隐渐现、百叶窗、波纹和图片切换等多种特殊动画效果。同运动引导层动画相同，遮罩动画也需要两个图层才能完成，位于上方用于设置遮罩范围的图层称为遮罩层，而位于下方要显示内容的图层则是被遮罩层。遮罩层如同一个窗口，通过它只能看到下面被遮罩层中对应区域的对象，而其他对象则不会显示。

遮罩层中的内容可以是元件实例、矢量图形、位图和文字等，但不能是线条。若是线条则必须先转化为填充。遮罩层会忽略其中的渐变色、透明度和颜色等，只区分填充区域和非填充区域。任何填充区域都是完全透明的，任何非填充区域都是不透明的，因此遮罩层中的对象将作为镂空的对象存在。

在遮罩层下的被遮罩层可以有多个，全部通过遮罩层中的填充区域显示。在被遮罩层中，可以使用除了动态文本和输入文本外的所有 Flash 支持的内容。需要注意的是，按钮内部不能有遮罩层，也不能将一个遮罩应用于另一个遮罩。

二、创建遮罩动画的方法

1. 创建遮罩层

遮罩层的创建方法十分简单，在"时间轴"面板中选择需要设置为遮罩的图层，，在弹出的快捷菜单中选择【遮罩层】命令，即可将当前图层设为遮罩层，它下一个图层也被相应地设为被遮罩层，二者以缩进形式显示，如图 5-12 所示。一个遮罩层下可以包括多个被遮罩层，除了可以使用上述的方法设置被遮罩层外，还可以按住鼠标左键，将需要设为被遮罩层的图层拖动到遮罩层下方，快速将该层转换为被遮罩层。

2．绘制遮罩区域

在遮罩层要绘制填充区域来确定被遮罩层要显示的区域。遮罩层可以是一个静态的填充区域，通过此区域显示出其下方的动画，也可以是一个动态的动画过程，通过动态变化的遮罩区域来动态显示其下方的对象。例如，在一个相框内滚动显示图片的例子中，要显示的区域应该是相框的内部，所以要在遮罩层绘制一个能正好覆盖相框内部区域的黑色填充区域，如图 5-13 所示。

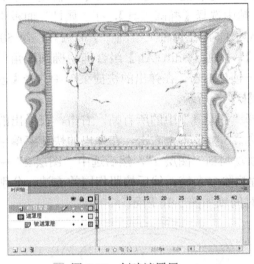
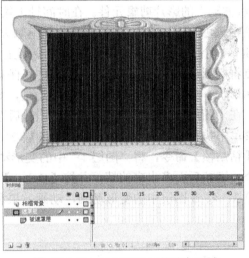

图 5-12　创建遮罩层　　　　　　　图 5-13　绘制遮罩层的填充区域

3．制作被遮罩层动画

在被遮罩层中，可以创建前面讲过的任何一种形式的动画，该动画可以在遮罩层的填充区域内显示出来，实现一些特殊效果。在相框例子中，在第 40 帧为 3 个图层插入关键帧，然后在被遮罩层的第 40 帧将图片移到左侧位置，最后为被遮罩层创建传统补间。为了在 Flash 舞台中显示遮罩效果，必须锁定遮罩层和被遮罩层，如图 5-14 所示。

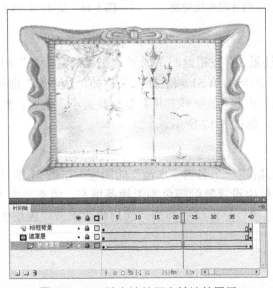

图 5-14　锁定遮挡层和被遮挡罩层

任务四　制作蜻蜓点水的遮罩动画

一、制作水纹波动动画

1. 新建水纹波动影片剪辑

打开"点水的蜻蜓.fla"文件，选择【插入】→【新建元件】菜单命令，新建一个名为"水纹波动"的影片剪辑元件。在时间轴上第 1 帧中选择【椭圆工具】，在"属性"面板中设置笔触颜色为"黑色"，无填充颜色，笔触大小为 1.5，在舞台上绘制一个椭圆。在第 50 帧上插入一个关键帧，然后选中【任意变形工具】，按住【Shift+Alt】组合拖动椭圆边角的矩形点将椭圆放大。然后在第 1～50 帧之间任意一帧处右击，在弹出的快捷菜单中选择【创建补间形状】命令，创建一个补间形状动画，如图 5-15 所示。

在"图层 1"上再新建 4 个图层，然后选择"图层 1"中的所有帧，右击，在弹出的快捷菜单中执行【复制帧】命令，在"图层 2"的第 5 帧位置上右击，在弹出的快捷菜单中执行【粘贴帧】命令，将"图层 1"中的变形动画复制到"图层 2"，然后选中"图层 2"中第二个关键帧后面多出来的帧，并按【Delete】键删除多余帧。然后按照相同的方法，分别制作第 3、4、5 图层中的变形动画，动画效果和时间轴如图 5-16 所示。

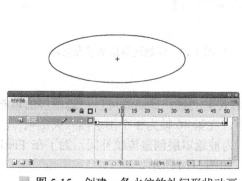

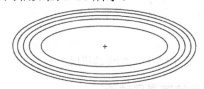

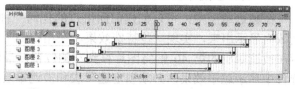

■ 图 5-15　创建一条水纹的补间形状动画　　　■ 图 5-16　第 3、4、5 图层动画效果和时间轴

2. 制作遮罩图层

单击编辑栏中的"场景 1"按钮返回主场景。在"荷塘背景"图层上新建一个名为"遮罩"的图层，在"遮罩"图层的第 51 帧上插入关键帧，从"库"面板中将名为"水纹波动"的元件拖动至舞台上，使用【任意变形工具】调整其大小、位置，然后将"遮罩"图层的第 125～135 帧的部分删除，如图 5-17 所示。

3. 制作水波图层

在"遮罩"图层下方新建一个名为"水波"的图层，在第 51 帧处插入关键帧，选择【椭圆工具】，在"属性"面板中设置笔触颜色为无线条填充，填充色为"蓝色（#91F7F4）"，在舞台上绘制一个大于"遮罩"层水纹的椭圆，然后将"水波"图层的第 125～135 帧删除，如图 5-18 所示。

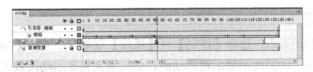

图 5-17　制作遮罩图层

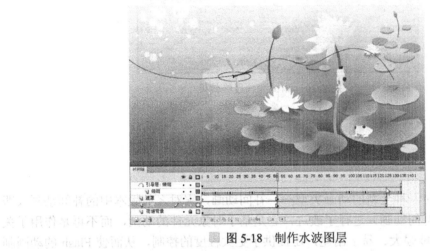

图 5-18　制作水波图层

4．制作遮罩动画

选中遮罩图层右击，在弹出的快捷菜单中选择【遮罩层】命令，将遮罩图层转换为"遮罩"层，将"水波"图层转换为被遮罩层，制作的遮罩动画效果和时间轴如图 5-19 所示。

图 5-19　制作遮罩动画

二维动画设计软件应用（Flash CS4）

5. 测试遮罩动画

完成了蜻蜓点水的动画后，选择【控制】→【播放】菜单命令或按【Enter】键在舞台中播放动画，只显示运动引导层动画而不显示遮罩动画，如果要完整显示动画效果，则要选择【控制】→【测试影片】菜单命令或按【Ctrl+Enter】组合键在播放器中测试动画，效果如图 5-20 所示。

图 5-20　测试动画最终效果

 知识加油站 ◂·

一、补间动画

Flash CS4 新增了一种全新的动画类型——补间动画，它对之前版本中的补间动画（即 Flash CS4 中的传统补间动画）进行了改进，它是基于对象元件的动画，而不再是作用于关键帧的动画，不但功能强大、易于创建，还提供了更大程度的控制，从而使 Flash 的动画制作更加专业。

二、补间动画与传统补间动画的区别

Flash CS4 有两种类型的补间动画，一种是前面学过的传统补间动画，另一种是 CS4 版本新增的补间动画，二者存在很大的差别。

（1）传统补间动画是基于关键帧的动画，通过两个关键帧中两个对象的变化来创建动画效果。而补间动画是基于对象的动画，整个补间范围只有一个动画对象，动画中使用的是属性关键帧而不是关键帧。

（2）补间动画和传统补间动画都只允许对特定类型的对象进行补间。创建补间动画时，会将所有不允许的对象类型转换为影片剪辑；而创建传统补间则会将对象类型转换为图形元件。

（3）补间动画会将文本视为可补间的类型，而不会将文本对象转换为影片剪辑；传统补间动画则会将文本对象转换为图形元件。

（4）如果要在补间动画范围中选择单个帧，必须按住【Ctrl】键单击该帧；而传统补间动画中的选择单帧只需要单击即可选择。

（5）只有补间动画能为 3D 对象创建动画效果，也只有补间动画才能保存为动画预设，而传统补间动画则没有这些功能。

三、创建补间动画的方法

1. 创建补间动画

创建补间动画的方法很简单，在图层的第 1 个关键帧中选择动画对象，选择【插入】|【补间动画】命令或快捷菜单中的【创建补间动画】命令，都可以创建补间动画。由于补间动画的元件都为影片剪辑类型，所以如果第一个关键帧是第 1 帧，则它会自动创建一个与帧频相同的帧数，例如帧频是 24fps，则自动建立一个有 24 帧的补间动画（即每秒显示 24 帧）。如果第 1 个关键帧不是第 1 帧，则执行完创建命令后要在动画结束的帧上执行【插入帧】命令，这样才会建立一个完整的补间动画。例如，在白云飘飘补间动画中，在第 1 帧处执行【创建补间动画】命令，自动生成一个有 24 帧的补间动画，然后在第 100 帧处执行【插入帧】命令，生成一个有100 帧的补间动画，如图 5-21 所示。

图 5-21 创建补间动画

2. 编辑属性关键帧

在 Flash CS4 中，关键帧和属性关键帧性质不同，其中关键帧是指在"时间轴"面板中对应舞台上有动画对象的动画帧，而属性关键帧则是指在补间动画的特定时间或帧中为对象定义的属性值。由于补间动画是属于对象的，因此只需为动画对象设置各个关键帧中的属性，即可完成对象的补间动画。例如，可以利用变形工具或"变形"面板进行对象大小、旋转、倾斜等变化。如果补间对象在补间过程中位置发生了变化，那么在舞台中将显示补间对象的移动路径，此时可以通过【选择工具】、【部分选取工具】、【任意变形工具】和"变形"面板等编辑补间的运动路径。

在白云飘飘动画中要通过编辑属性关键帧来设置动画的动态过程。打开白云的"属性"面板，设置第 1 帧中白云的位置参数 X 为 203.6，Y 为 207.2，宽度为 340.6，高度为 198.7；再选择第 50 帧，修改白云的位置参数 X 为 165.1，Y 为 110.2，宽度为 240.6，高度为 130.7；最后选择第 100 帧，拖动白云到如图 5-22 所示位置，并用变形工具缩小白云，完成白云向远处飘走的动画效果。

图 5-22　编辑属性关键帧

　实训演练　◂·

利用前面学习过的制作运动引导层动画和遮罩动画的方法来制作一个卫星环绕地球转动的动画。其参考步骤如下。

（1）新建一个 Flash 文档，命名为"地球转动.fla"。导入素材中"素材与实例→project05→素材"目录下的"太空.jpg"图片到舞台中，调整至舞台大小，并将默认图层重命名为"背景"，如图 5-23 所示。

图 5-23　导入背景素材

（2）绘制地球图形。新建一个名为"地球"的影片剪辑，将"图层 1"重命名为"地球"，选择【椭圆工具】，在"属性"面板中设置笔触颜色为无线条填充，填充颜色为任意颜色，然后按住【Shift】键在舞台上绘制一个正圆。再选择【颜料桶工具】，打开"颜色"面板将填充类型设为"放射状"，将渐变颜色区域的最左边设为"蓝色（#4A4AEC）"，最右边设为"深蓝色（#03030B）"，如图 5-24（a）所示。然后填充圆形的内部，再用"渐变变形工具"对圆形的颜色明暗位置进行调整，如图 5-24（b）所示。

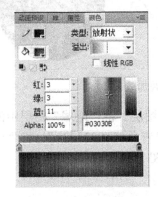
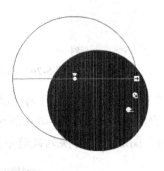

（a）设置地球填充颜色　　　　　　　　（b）调整地球渐变色

图 5-24　渐变填充地球

（3）制作地球自转遮罩动画。在"地球"图层的第 50 帧插入关键帧，并在上面新建一个名为"地图"的图层，将素材中"素材与实例→project05→素材"目录下的"地图.png"导入到库，选中"地图"图层的第 1 帧，从库中拖出"地图.png"到舞台，利用【任意变形工具】调整其大小，再复制两次，选中 3 幅地图，按【Ctrl+G】组合键将三幅地图组合在一起，按【F8】快捷键转换成影片剪辑元件，命名为"地图"。

（4）在"地图"图层的第 1 帧将"地图"元件放置于球体的左侧，如图 5-25（a）所示。在第 50 帧插入关键帧，然后将"地图"元件向右拖动至球体的右侧，如图 5-25（b）所示。

（a）地图在第 1 帧的位置

（b）地图在第 50 帧的位置

图 5-25　"地图"图层动画的始末位置

（5）为了让地图融入球体，使效果更为逼真，在"地图"图层的第 1 帧和第 50 帧，选中"地图"元件，在属性面板中选择【显示】→【混合】下拉列表中的【叠加】效果选项，"属性"面板与叠加效果如图 5-26 所示。然后在"地图"图层的第 1～50 帧之间创建传统补间。

图 5-26　为地图添加叠加效果

（6）在"地图"图层上新建一个名为"遮罩"的图层。将"地球"图层中的地球图形复制到"遮罩"图层的当前位置，并将填充颜色改为"青色（#003333）"。将"遮罩"图层设置为遮罩层，"地图"图层自动转换为被遮罩层，如图 5-27 所示。

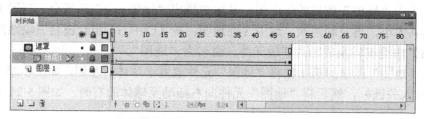

图 5-27　地球自转遮罩动画

（7）返回主场景，在"背景"图层上新建一个名为"地球"的图层，将库中的地球元件拖入到舞台。分别在"背景"和"地球"图层的第 120 帧上插入关键帧。在"地球"图层之上再新建一个名为"轨道"的图层，选中【椭圆工具】，在"颜色"面板中设置"类型"为"放射状"，渐变色区从左向右依次为"灰色（#2A323D）"、"白色（#FFFFFF）"、"藕色（#B89AA4）"、"白色（#FFFFFF）"，然后设置内部填充为无填充色，在"属性"面板中设置笔触线条为 1。选中第 1 帧，在舞台上绘制卫星环绕的轨道，绘制出椭圆图形后，利用【任意变形工具】对轨道进行旋转、变形操作，并放在如图 5-28 所示的位置。

（8）在"轨道"图层上新建一个名为"卫星"的图层，选择【椭圆工具】，在"颜色"面板中设置笔触颜色为无线条填充，填充颜色为任意颜色，然后按住【Shift】键在舞台上绘制一个小的正圆。选择【颜料桶工具】，打开"颜色"面板，将填充类型设置为"放射状"，将渐变颜色区域的最左边设为"红色（#FF0000）"，最右边设为"黑色（#000000）"，然后填充圆的内部。最后选择【渐变变形工具】对小圆的颜色明暗位置进行调整，如图 5-29 所示。

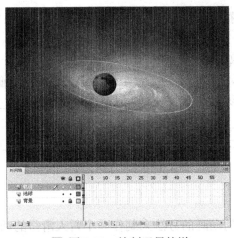

图 5-28　绘制卫星轨道

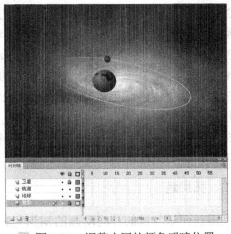

图 5-29　调整小圆的颜色明暗位置

（9）选择"卫星"图层，在弹出的快捷菜单中选择【添加传统运动引导层】命令，在"卫星"图层上出现了一个运动引导层。选择"轨道"图层中的椭圆图形，把它复制到引导层中的当前位置。

（10）在"卫星"图层的第 40 帧上插入关键帧，将"卫星"的中心点放到椭圆轨道的左侧，依照近大远小的原理，用【任意变形工具】将卫星放大。在第 60 帧插入关键帧，将"卫星"的中心点放到椭圆轨道的下方，用【任意变形工具】将卫星继续放大。在第 80 帧位置插入关键帧，将"卫星"的中心点放到椭圆轨道的右侧，用【任意变形工具】将卫星缩小。最后在第 120 帧复制第 1 帧的状态。最后创建传统补间。这样就完成了卫星环绕地球旋转的效果，如图 5-30 所示。

（11）最后选择【控制】→【测试影片】菜单命令，完成卫星环绕地球转动的动画，如图 5-31 所示。

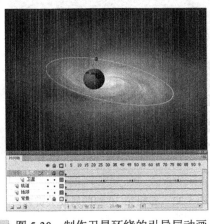

图 5-30　制作卫星环绕的引导层动画

图 5-31　测试动画最终效果

拓展与练习

一、填空题

1.＿＿＿＿＿＿＿动画可以使对象沿着某种特定的轨迹进行运动。

2．遮罩动画中用于确定遮罩范围的图层被称为_____，而位于下方要显示内容的图层则是_____。

3．制作运动引导层动画时，必须为运动对象创建_____。

4．Flash CS4 中——是基于对象元件的动画，而_____是作用于关键帧的动画。

5．遮罩层中的内容可以是元件实例、矢量图形、位图和文字等，但不能使用_____，遮罩层中可以使用除了_____和_____外的所有 Flash 支持的元素。

6．在被引导层中动画开始和结束的关键帧上，一定要让元件实例的_____与引导线对齐，否则无法实现引导。

二、拓展题

利用前面学习过的补间动画的知识和制作补间动画的方法来制作一个雪人滑雪的动画。其参考步骤如下。

1．新建一个 Flash 文档，命名为"雪人滑雪.fla"。将默认图层重命名为"背景"。导入素材中"素材与实例→project05→素材"目录下的"雪地.png"到舞台中，调整至舞台大小。在"背景"图层上新建一个名为"雪人"的图层，导入素材中"素材与实例→project05→素材"目录下的"雪橇.png"图片，用【任意变形工具】调整大小，放在如图 5-32 所示位置。

2．选择"背景"和"雪人"图层，在第 80 帧处插入关键帧，然后在"雪人"图层的第 1～80 帧之间任意位置打开快捷菜单，执行【创建补间动画】命令，生成一个雪人对象的补间动画。在"雪人"图层的第 30 帧中，将雪人对象拖动到如图 5-33 所示位置，并将雪人适当放大。

图 5-32　导入背景与雪人图片

图 5-33　编辑第 30 帧的属性关键帧

3．在"雪人"图层的第 40 帧中，将雪人对象拖动到如图 5-34 所示位置，并将雪人适量放大与旋转。

4．然后在"雪人"图层的第 55 和 70 帧中编辑雪人属性，改变其位置、大小和方向，使雪人沿着雪道滑到如图 5-35 所示位置。

图 5-34　编辑第 40 帧的属性关键帧

图 5-35　编辑第 55 和 70 帧的属性关键帧

5．在"雪人"图层的第 73 帧中放大雪人，在第 76 帧中还原第 70 帧中雪人的大小，第 80 帧还原第 73 帧雪人的大小，实现雪人缩放的效果，如图 5-36 所示。

图 5-36　制作雪人缩放动画效果

项目六 甩鼻的小象——骨骼动画的制作

骨骼动画是 Flash CS4 新增的一种动画形式，利用反向运动工具模拟人体或动物骨骼关节的运动，从而设计出非常生动、逼真的生物体骨骼运动动画。

本项目以甩鼻的小象为实例，重点介绍了骨骼动画的动画原理和制作方法。此外，在知识加油站里还详细介绍了 Flash CS4 新增的动画预设功能，以及如何使用动画预设完成动画设计。骨骼动画制作需要使用 ActionScript 3.0。

能力目标

◆ 掌握骨骼工具和绑定工具的使用方法。

◆ 掌握骨骼动画的制作方法和使用技巧。

◆ 了解动画预设功能，掌握动画预设的使用方法。

任务一　认识骨骼动画

一、骨骼动画的制作方法

　　骨骼动画也称为反向运动（IK）动画，是一种模拟骨骼的关节结构，对单一对象或相关的一组对象进行处理的动画方法。使用工具面板中的【骨骼工具】在动画对象上创建骨骼，然后移动其中的一个骨骼，与这个骨骼相连的其他骨骼也会移动，通过这些骨骼的移动即可创建出骨骼动画。制作骨骼动画时，只需编辑对象开始位置和结束位置的骨骼形态，然后通过反向运动原理，系统会自动创建出骨骼的运动。

二、创建基于图形的骨骼动画

　　在 Flash CS4 中创建骨骼动画对象分为两种，一种是图形形状，另一种是元件的实例对象。首先我们来学习基于图形的骨骼动画的创建。

　　图形骨骼动画中的动画对象可以是一个图形，也可以是一组图形。选中单个或一组图形后为它们添加骨骼，然后 Flash 会将所有的图形和骨骼转换为骨骼图形对象，并将该对象移动到新的骨架图层，此后它就无法再与其他图形进行合并操作了。图形骨骼动画创建的方法如下。

1．为动画对象添加骨骼

　　制作骨骼动画首先要为动画对象添加骨骼。单击工具面板中的【骨骼工具】按钮 ，此时图标变为 ，用鼠标在人物的肩部位置单击，并向肘部位置拖动，生成第一个骨骼。然后在肘部骨骼的圆圈中心点单击鼠标，并向手腕方向拖动，添加第二个骨骼。在添加骨骼的同时，系统会自动创建出一个名为"骨架_1"的图层，"手臂"图层中的手臂图形自动剪切到"骨架_1"图层中，并连同骨骼被转换成骨骼图形对象，并且在时间轴的当前帧上自动生成一个骨骼动画，如图 6-1 所示。

2．为动画对象插入姿势

　　"在时间轴"面板中选择所有图层的第 30 帧，然后按【F5】快捷键插入普通帧，这样就设置了动画的播放时间为 30 帧。选择"骨架_1"图层的第 30 帧，右击，在弹出的快捷菜单中执行【插入姿势】命令，在第 30 帧上创建一个新姿势的关键帧，此时手臂的图形与第 1 帧中相同，如图 6-2 所示。

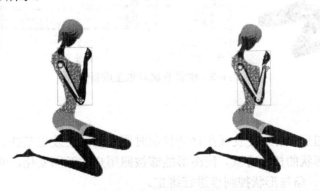

图 6-1　为动画对象添加骨骼

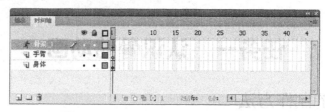

图 6-1　为动画对象添加骨骼（续）

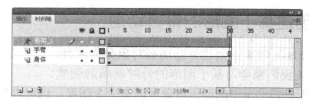

图 6-2　为动画对象插入姿势

3．编辑新姿势中的骨骼

　　由于骨骼动画中的骨架是一体的，单击 1～30 帧中的任何一帧都会把所有 30 帧选中，所以如果要单独编辑第 30 帧的姿势，要按住【Ctrl】再单击"骨架_1"图层的第 30 帧。然后选择工具面板中的【选择工具】，此时光标变为 ➤ 形式，分别拖动两个骨骼使其改变位置，相应的带动手臂运动，将手臂调整为如图 6-3 所示姿势。编辑好第 30 帧中的骨骼姿势后，系统就会根据反向运动原理，自动生成第 1～30 帧之间两个姿势变化的骨骼动画。

图 6-3　编辑骨骼对象生成新姿势

三、绑定骨骼

　　为图形添加骨骼后，用户会发现在移动骨骼时图形可能会发生某些意外的扭曲。为了控制每个骨骼移动时形状的扭曲方式，使图形能够按照用户的意图变化，可以使用工具面板中的【绑定工具】，将骨骼与形状控制点进行绑定。

　　（1）绑定控制点：使用【绑定工具】选择骨骼后，按住【Shift】键在蓝色未绑定的控制点上单击，就可以将此控制点绑定到选择的骨骼上。

（2）取消绑定：使用【绑定工具】选择骨骼后，按住【Ctrl】键在黄色绑定在骨骼的控制点上单击，则可以取消此控制点在骨骼上的绑定。

任务二 制作青草拂动骨骼动画

一、导入背景图片

新建一个 Flash 文件，命名为"青草拂动.fla"。选择【文件】→【导入】→【导入到舞台】菜单命令，将素材中"素材与实例→project06→素材"目录下的"草地.jpg"图片导入到舞台，调整至舞台大小，命名图层为"背景"，如图 6-4 所示。

图 6-4 导入背景素材

二、绘制青草图案

1. 创建影片剪辑

选择【插入】→【新建元件】菜单命令，创建一个名称为"青草拂动"的影片剪辑元件。

2. 绘制青草轮廓

在元件编辑界面中，使用【钢笔工具】绘制青草。选择【钢笔工具】，在"属性"面板中设置笔触颜色为"黑色"，无填充颜色，笔触大小为 1，绘制一根青草的雏形如图 6-5（a）所示，再用【选择工具】将青草的直线调整为曲线，如图 6-5（b）所示。

（a）绘制青草雏形　　　　　　　　　　　　（b）调整青草图形

图 6-5 绘制青草轮廓

3．填充青草颜色

选择【颜料桶工具】，将填充颜色设置为"绿色（#677E26）"，完成青草的内部填充，如图 6-6（a）所示。用【选择工具】双击青草的边框线，选中青草边框线，按【Delete】键删除边框线，如图 6-6（b）所示。

　　　（a）填充青草颜色　　　　　　　　　　　（b）删除青草边框线

图 6-6　填充青草颜色

三、制作骨骼动画

1．绘制青草的骨骼

单击工具栏中的【骨骼工具】，在青草图形的底部单击鼠标，向上拖动绘制出一条骨骼，再接着第一条骨骼不断拖动鼠标，依次将整个青草的骨骼绘制完成，并且在"图层 1"自动生成一个名为"骨架_1"的图层，如图 6-7 所示。

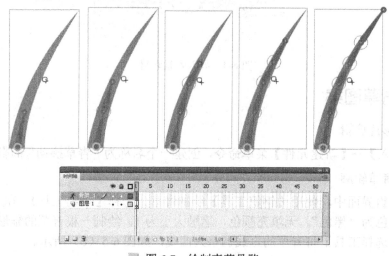

图 6-7　绘制青草骨骼

2．编辑第 10 帧骨骼姿势

选择"骨架_1"图层，在第 10 帧的位置右击，打开快捷菜单，执行【插入姿势】命令为骨骼插入一个新的姿势。单击【选择工具】，将鼠标移至青草尖儿骨骼连接处的圆圈上，向右侧拖动鼠标，对青草的姿势进行调整，如图 6-8 所示。

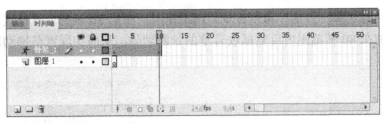

图 6-8   调整第 10 帧青草姿势

3．编辑第 20 帧骨骼姿势

利用同样的方法，在第 20 帧的位置再插入一个新姿势，然后将鼠标再向右侧拖动，对青草的姿势反复进行调整，形成如图 6-9 所示的姿势，这样就完成了一根青草的骨骼动画的制作。

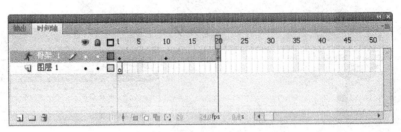

图 6-9   调整第 20 帧青草姿势

四、创建青草拂动的骨骼动画

1．添加一根青草

单击编辑栏中的【场景 1】按钮返回主场景，在"背景"图层上新建一个名为"青草"的图层，将库中"青草拂动"元件拖入舞台中，利用【任意变形工具】对青草进行大小、位置、形态的调整，效果如图 6-10 所示。

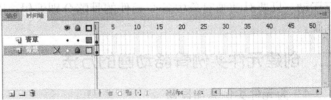

图 6-10   添加一根青草的效果

2．制作草丛

选中"青草"图层中的"青草拂动"元件实例，用【Ctrl+C】与【Ctrl+V】组合键复制生成第二根青草，使用【任意变形工具】对青草进行调整。重复多次这样的操作，完成草丛的制作，使画面更为饱满、生动，如图 6-11 所示。

3．完成青草拂动动画

同时选择"背景"和"青草"两个图层，在第 80 帧的位置按【F5】键插入普通帧，这样就能在 80 帧范围内反复播放青草的骨骼动画，从而实现青草拂动的动画效果，如图 6-12 所示。

图 6-11　制作草丛

图 6-12　青草拂动动画效果

任务三　创建基于元件实例的骨骼动画

一、基于元件实例的骨骼动画

在 Flash CS4 中除了可以对图形创建骨骼动画外，还可以对元件实例创建骨骼动画。使用【骨骼工具】将多个元件实例进行骨骼绑定，这样移动其中一个骨骼会带动相邻的骨骼进行运动，只要对动画对象中各个元件的骨骼分别编辑，用户就可以制作出灵活、逼真的骨骼动画。

二、创建元件实例骨骼动画的方法

1．为元件实例添加骨骼

在基于元件实例的骨骼动画中，元件实例的类型可以是影片剪辑、图形或按钮。为实例添加骨骼，是选择【骨骼工具】，当光标变为 形状时，在元件实例上单击鼠标并向另一个实例拖动，即可生成两个实例间的骨骼，同时自动创建出名为"骨架_1"的图层。在如图 6-13 所示的例子中，有大臂和小臂两个元件实例。在大臂的肩膀处开始单击鼠标向小臂的肘部拖动，生成一个连接大臂和小臂的骨骼。

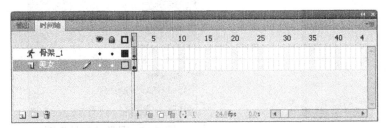

图 6-13　为元件实例添加骨骼

2. 插入新姿势生成骨骼动画

在"骨架_1"图层和"美女"图层的第 30 帧插入关键帧，然后再按住【Ctrl】键选择"骨架_1"图层的第 30 帧，右击，在打开的快捷菜单中执行【插入姿势】命令，插入一个新姿势。单击【选择工具】，拖动美女的小臂，生成如图 6-14 所示的新姿势，这样就自动生成了美女挥臂的骨骼动画。

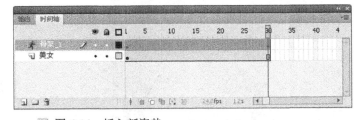

图 6-14　插入新姿势

三、编辑骨骼的属性

为动画对象创建骨骼后，移动和旋转骨骼，可能会使骨架出现一些不合情理的姿势。为此，可以在"属性"面板中设置骨骼的相关属性，来约束骨骼的运动，如图 6-15 所示。

1. "联接：旋转"：此选项默认情况下是处于"启用"状态，用于指定被选中的骨骼可以沿着父骨骼对象进行旋转；如果勾选"约束"复选框，还可以设置骨骼对象旋转的最小度数与最大度数。

2. 联接：X 平移：如果勾选"启用"复选框，则骨骼对象可以沿着 X 轴方向进行平移；如果勾选"约束"复选框，还可以设置骨骼对象在 X 轴方向平移的最小值与最大值。

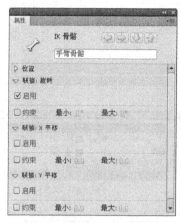

图 6-15　骨骼"属性"面板

3．联接：Y 平移：如果勾选"启用"复选框，则骨骼对象可以沿着 Y 轴方向进行平移；如果勾选"约束"复选框，还可以设置骨骼对象在 Y 轴方向平移的最小值与最大值。

四、编辑骨骼对象的方法

1．移动骨骼对象

为对象添加骨骼后，使用"选择工具"移动骨骼对象，只能对骨骼进行旋转运动，如果需要移动骨骼对象，可以使用【任意变形工具】拖动骨骼对象，使其位置发生改变，连接的骨骼长短也会随着对象的移动发生变化，如图 6-16 所示。

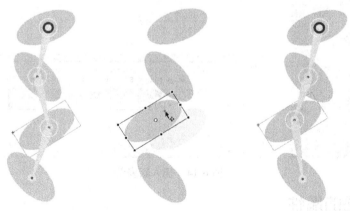

图 6-16　移动骨骼对象

2．重新定位骨骼

为对象添加骨骼后，还可以改变骨骼的连接位置，只需要使用【任意变形工具】选择需要重新定位的骨骼对象，然后移动选择对象的变形中心点，则此时骨骼的连接位置移动到中心点的位置，如图 6-17 所示。

3．删除骨骼

删除骨骼的操作非常简单，只需使用【选择工具】选择需要删除的骨骼，然后按【Delete】键即可将其删除。

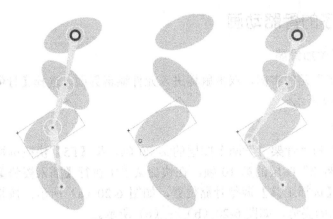

图 6-17 重新定位骨骼对象

任务四 制作小象甩鼻子的骨骼动画

一、导入小象素材

1. 导入小象素材

打开"青草拂动.fla"文件。打开素材中"素材与实例→project06→素材"下的"小象素材.fla"文件，在"库"面板中复制"小象躯干"和"小象鼻子"两个元件，再返回"青草拂动.fla"文件中，在库面板中粘贴这两个元件，完成元件的导入。

2. 创建小象图层

在"背景"图层上新建一个名为"小象躯干"的图层，将"小象躯干"元件拖到舞台中，用【任意变形工具】调整小象的大小，放在草丛后。再在"小象躯干"图层上新建一个名为"小象鼻子"的图层，将"小象鼻子"元件拖到舞台中，用【任意变形工具】调整鼻子的大小，放在如图 6-18 所示位置。

图 6-18 导入小象躯干和鼻子

二、制作甩鼻子的骨骼动画

1. 给小象鼻子添加骨骼

选中"小象鼻子"元件实例，双击鼠标进入元件编辑界面，选择【骨骼工具】在鼻子上绘制骨骼，如图 6-19 所示。

2. 编辑新姿势

选中"图层 1"和"骨架_1"两个图层的第 80 帧，按【F5】快捷键插入帧。然后按住【Ctrl】键选择"骨架_2"图层的第 10 帧，在快捷菜单中执行【插入姿势】命令，生成一个新姿势，然后使用【选择工具】调整骨骼位置，如图 6-20（a）所示，按相同的方法插入第 40、50、65 和 80 帧的姿势，如图 6-20（b）～（e）所示。

图 6-19　为小象鼻子添加骨骼

（a）第 10 帧姿势

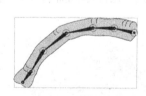

（b）第 40 帧姿势

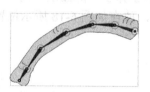

（c）第 50 帧姿势

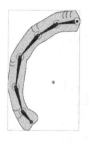

（d）第 65 帧姿势

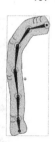

（e）第 80 帧姿势

图 6-20　编辑小象鼻子的姿势

3. 合成完整动画效果

单击编辑栏中的【场景1】按钮返回主场景。在"小象鼻子"图层上新建一个名为"填充层"的图层。选择【刷子工具】，在"属性"面板中设置无笔触颜色，填充颜色为与小象躯干相同的"蓝色（#B7BCDC）"。然后在小象鼻子与脸颊的相交部位涂抹，将连接线覆盖，如图6-21所示。

图 6-21　涂抹覆盖小象鼻子的连接线

4. 测试动画

选中图层第1帧，选择【控制】→【测试影片】菜单命令，测试青草拂动和小象甩鼻子的综合运动效果，如图6-22所示。

图 6-22　测试动画效果

知识加油站 ◄·

一、应用动画预设

　　动画预设是 Flash CS4 新增的一种功能，它提供了系统预先定义好的一些补间动画。这些预设的动画可以直接应用于舞台对象，从而节省动画制作的时间，提高工作效率。

　　在 Flash CS4 中，动画预设的各项操作通过"动画预设"面板进行，选择【窗口】→【动画预设】菜单命令，打开如图 6-23 所示的"动画预设"面板。

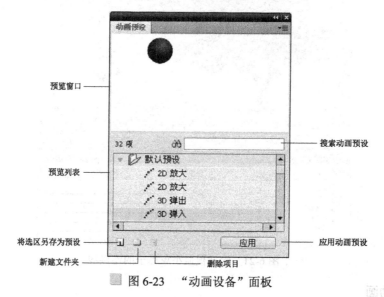

图 6-23 "动画设备"面板

　　动画预设可以应用于一个选定的帧，也可以应用于不同图层上的多个选定帧，其中每个对象只能应用一个预设，如果将第二个预设应用于相同的对象，那么第二个预设将替换第一个预设。应用动画预设的操作非常简单，具体步骤如下。

　　（1）在舞台上选择需要添加动画预设的对象。

　　（2）在"动画预设"面板的预设列表中选择需要应用的预设，Flash 的每个动画预设都包括预览，通过在面板上方预览窗口预览各种动画效果。

　　（3）选择合适的动画预设后，单击面板中的【应用】按钮，就可以将选择预设应用到舞台选择的对象中。

　　在应用动画预设时需要注意的是，各种 3D 动画预设只能应用于影片剪辑实例，而不能应用于图形或按钮元件，也不适用于文本字段。因此应用 3D 动画预设之前，动画对象必须要转换为影片剪辑实例。

二、自定义动画预设

　　用户除了可以使用 Flash 提供的动画预设外，还能将自己创建好的补间动画另存为新的动画预设，这些新的动画预设存放在"动画预设"面板中的"自定义预设"文件夹中。自定义动画预设的具体步骤如下。

　　（1）选择"时间轴"面板中的补间范围，或者舞台中应用了补间的对象。

　　（2）单击"动画预设"面板下方的【将选区另存为预设】按钮，在弹出的【将预设另存】

为对话框中,可以设置另存预设的合适名称。

(3)单击对话框中的【确定】按钮,将选择的补间另存为预设,并存放在"动画预设"面板中"自定义预设"文件夹中。

 实训演练 ◄·

利用前面学习过的制作元件实例骨骼动画的方法来制作一个街霸警察打拳的动画。其参考步骤如下。

1.新建一个 Flash 文档,命名为"街霸警察.fla"。将素材中"素材与实例→project06→素材"目录下的"街霸警察.psd"文件导入库,此时会出现如图 6-24 所示的提示窗口,询问要导入的.psd 文件中的图层,以及将其分别转换为 Flash 的图层。

2.分别将库中街霸警察的每个部位单独生成一个背景为黑色的影片剪辑,如图 6-25 所示。

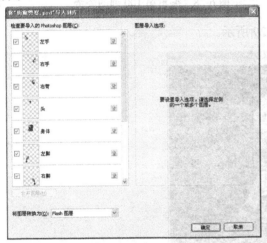 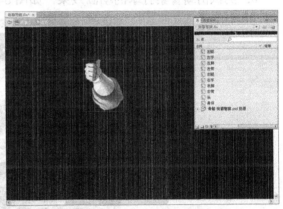

图 6-24　将"街霸警察.psd"导入到库提示窗口　　　图 6-25　制作各部位影片剪辑

3.返回"场景 1",将各部位的影片剪辑元件拖入舞台,并组合成街霸警察动画人物,选择【骨骼工具】为街霸警察各个部位的元件实例添加骨骼,如图 6-26 所示。

 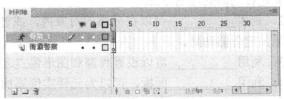

图 6-26　为街霸警察添加骨骼

4.在第 50 帧处插入如图 6-27 所示的姿势。

5.在第 100 帧处插入如图 6-28 所示的姿势。

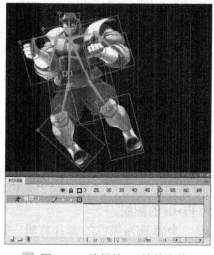

图 6-27　编辑第 50 帧的姿势

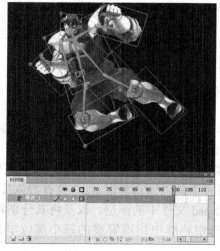

图 6-28　编辑第 100 帧的姿势

6．测试街霸警察打拳的动画效果，如图 6-29 所示。

图 6-29　测试动画效果

拓展与练习◄·

一、填空题

1．骨骼动画又称为_____，是一种使用骨骼的关节结构对一个对象或彼此相关的一组对象进行动画处理的方法。

2．利用_____可以在分离的对象内，或者多个元件实例间添加骨骼，并利用添加的骨骼创建骨骼动画。

3．利用_____可以设置骨骼和图形锚点之间的连接，从而获得满意的变形效果。

4．利用_____面板，可以为元件实例添加 Flash CS4 预设的动画效果。

5．动画预设中用户自定义的预设必须是_____动画。

6．在 Flash CS4 中创建骨骼动画对象分为两种，一种是_____，另一种是_____。

二、拓展题

利用前面学习过的应用动画预设的方法来制作一个 3D 足球的动画。其步骤参考如下。

1．新建一个名为"3D 足球"的 Flash 文件，将素材中"素材与实例→project06→素材"目录下的"球门.jpg"图片导入到舞台，默认图层重命名为"背景"。

2．在"背景"图层上新建一个名为"足球"的图层，将素材中"素材与实例→project06→素材"目录下的"足球.png"图片导入到舞台，并将足球转换为影片剪辑元件。

3．选中"足球"元件，再打开"动画预设"面板，选中"默认预设"文件夹中的"3D 弹入"动画效果。按住【Shift】键，同时单击面板下方【应用】按钮，此时足球就可以在场景中产生弹入的效果，如图 6-30 所示。

图 6-30　为足球应用动画预设

4．在"背景"层中的第 75 帧处插入关键帧，在"足球"图层的第 1 帧中用【任意变形工具】调整运动路径和足球位置，如图 6-31 所示。

图 6-31　调整运动路径和足球位置

5．在第 36 帧用【任意变形工具】将"足球"元件适当缩小。按照同样的方法，调整第 38 和 40 帧的足球大小，如图 6-32 所示。

图 6-32　调整第 36、38 和 40 帧的足球

6．按照同样的方法，分别调整每一个属性关键帧中足球的大小。最终完成整个足球飞

入场景的运动轨迹，如图 6-33 所示。

图 6-33　足球飞入场景的运动轨迹

7．在"背景"图层上新建一个名为"阴影"的图层。在第 37～75 帧连续插入关键帧，选择【椭圆工具】绘制阴影，在"属性"面板中设置无笔触颜色，填充颜色为"绿色（#449630）"，笔触大小为"1"。然后选中椭圆执行【修改】→【形状】→【柔化填充边缘】菜单命令，如图 6-34 所示设置柔化参数。再利用【任意变形工具】调整阴影的大小、形状，移动到合适的位置，效果如图 6-35 所示。

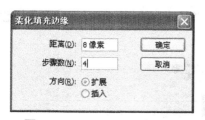

图 6-34　设置柔化填充边缘的参数　　图 6-35　调整阴影的大小、形状、位置

8．在"阴影"图层的第 55、67、74 和 75 帧位置分别粘贴阴影到这些帧中，并根据足球的大小调整阴影，然后放置到合适的位置，如图 6-36 所示。

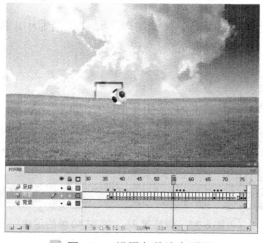

图 6-36　设置各着地点阴影

项目七 耀动的文字——文本动画的制作

　　文字是 Flash 动画中最基本的要素之一，闪耀舞动的文字可以突出主题、烘托气氛、增强动画效果。此外，Flash 中的文字还具有动态和交互的效果，允许文本内容随着动画的推进而发生动态变化，也允许用户在动画过程中随时输入文本，这些特性使得 Flash 中的文本使用更加灵活、功能更加强大。

　　本项目以一个儿童学习网站的标题动画为实例，重点介绍了文本工具的使用、文本属性的设置和文本动画的制作方法。此外，在知识加油站里还介绍了在 Flash 中如何使用导入声音，以及如何将声音、文字和画面结合制作 MTV 的方法。

能力目标

◆ 掌握文本工具的使用方法和文本属性的设置方法。
◆ 掌握文本动画的制作方法和制作技巧。
◆ 了解 Flash 中声音的使用方法，以及配合文本动画制作 MTV 的方法。

任务一　文本的制作方法

一、输入文本内容

在 Flash CS4 中，使用【文本工具】可以输入任何形式的文本。单击工具面板中的文本【工具按钮】，此时光标以 图标显示，在舞台中需要输入文本的位置单击鼠标，会出现一个右上角为圆圈的文本输入框，在此文本输入框中输入的文本没有宽度限制，文本输入框的宽度会随着输入文字的增加而变宽，如图 7-1 所示。

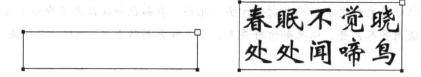

图 7-1　无宽度限制的文本输入框

如果鼠标在舞台中不是单击，而是拖动左键生成一个固定大小的文本输入框，此时文本框的右上角显示为一个矩形，那么表示该文本输入框中的文本有宽度限制，超出文本框宽度范围的文本会自动换行，而文本框的宽度不变，如图 7-2 所示。如果想改变文本框的宽度，可以用鼠标拖动文本框 4 个角上的调节句柄（四个矩形）。

图 7-2　有宽度限制的文本输入框

无宽度限制的文本输入框和有宽度限制的文本输入框之间可以自由转换，双击有宽度限制文本输入框右上角的小矩形图形，可以将它转换为无宽度限制的文本输入框；同样将光标放置在无宽度限制的文本框四个角的调节句柄处，拖动文本输入框可以将无宽度限制的文本框转换为有宽度限制的文本框。

二、设置文本属性

1．设置文本类型

在 Flash CS4 中，使用【文本工具】可以创建三种类型的文本，分别为"静态文本"、"动态文本"和"输入文本"。在文本编辑状态下，打开如图 7-3 所示的文本工具"属性"面板，在文本类型的下拉列表中可以为文字设置类型属性。

（1）静态文本：系统默认的文本类型，在制作动画时即确定了文本的内容和样式，在动画播放过程中不能再进行任何编辑和改变。

图 7-3　设置文本类型

（2）动态文本：该文本类型可以在动画的播放过程中，根据情况的变化动态更新文本的内容与样式，通常需要在 ActionScript 脚本代码的控制下完成操作。

（3）输入文本：使用该文本类型，用户可以在动画播放的过程中，通过表单或调查表随时输入文本，它也需要 ActionScript 脚本代码的配合使用。

2．设置文本的字符属性

在 Flash 中选择输入文本后，在属性面板中的字符选项可以设置文本的字符属性，包括文字的字体、大小、颜色、显示效果等。"属性"面板中的字符选项设置及设置后的文本效果如图 7-4 所示。

图 7-4　文本字符选项的设置及效果

（1）系列：用于设置文字的字体。如果要用一些特殊字体，可以将字体文件复制到"C:\Windows\Fonts"文件夹下，这样就能在右侧的下拉列表中显示这些特殊字体的选项了。

（2）样式：用于设置文字的倾斜、加粗、加粗倾斜样式。注意只有有限的一些英文字体才能设置字体的样式。

（3）大小：用于设置文字的大小，在数值处单击会出现文本输入框，输入所需的大小数值即可；也可以将光标移动到数值处，在出现 ↔ 形状图标后，通过左、右拖动鼠标改变文字的大小。越向左拖动字体越小，越向右拖动字体越大。

（4）字母间距：用于设置选择的文字之间的距离，数值越大则文字之间的间距越大，反之间距越小。

（5）颜色：用于设置选中文字的字体颜色。

（6）自动调整字距：此选项用于对字体的内置字距进行微调。

（7）消除锯齿：此项用于设置文本是否采用平滑处理，以及采用什么样的平滑处理，从而决定文字显示的清晰程度，一般使用默认值即可。

3．设置文本的段落属性

文本的段落属性包括段落中文本的对齐方式、行距、缩进、页边距、排列等，主要通过"属性"面板中的"段落"选项来设置。"段落"选项的设置及设置后的文本效果如图 7-5 所示。

（1）格式：用于设置选中文本的对齐方式。文字是水平方向时包括【左对齐】▤、【居中对齐】▤、【右对齐】▤与【两端对齐】▤四个选项。若文字是垂直方向的，则相应选项变为【顶对齐】▥、【居中对齐】▥、【底对齐】▥与【两端对齐】▥。

（2）间距：包括【缩进】▤和【行距】▤两个参数项。【缩进】用于设置文本框中首行文字的缩进距离；【行距】用于设置文本框中每行文字之间的行间距。

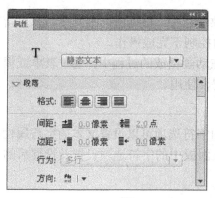
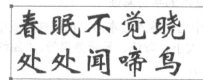

图 7-5　文本"段落"属性的设置及效果

（3）边距：包括【左边距】 ➜▤ 和【右边距】 ▤➜ 两个参数项。【左边距】用于设置文字距离文本左边框的距离；【右边距】用于设置文字距离文本右边框的距离。

（4）方向：单击该按钮，在弹出的下拉列表中可以选择文本的方向，有【水平】、【垂直，从左向右】和【垂直，从右向左】3 个选项。

三、美化文本

1．为文本添加滤镜

在创建文本并为其设置各种字符及段落属性之后，还可以为文本添加滤镜，制作出阴影、模糊、发光等效果，使文本更加美观。文本的滤镜效果通过"属性"面板中的滤镜选项来设置。"滤镜"选项的设置及设置后的文本效果如图 7-6 所示。

（1）【添加滤镜】按钮 ▣：单击该按钮可以为文字添加滤镜效果，包括投影、模糊、发光、斜角、渐变发光、渐变斜角和调整颜色，添加滤镜后会出现该滤镜的相关属性，通过对属性值的设置可以获得不同的效果。Flash 中的 7 种效果可以叠加使用，统一管理。【删除全部】是将所有滤镜效果全都删除，清空选项列表；【启用全部】是将所有滤镜效果全部显示出来；【禁用全部】是取消所有滤镜的显示效果，但并未删除，执行【启用全部】命令后还能将效果显示出来。

（2）【预设】按钮 ▣：单击该按钮可将设置好的滤镜及其参数保存起来，以便应用于其他对象。

（3）【剪贴板】按钮 ▣：单击该按钮，在弹出的列表中选择【复制所有】或【复制全部】命令，可以复制所选滤镜或全部滤镜的参数和效果；选择【粘贴】命令可以粘贴剪贴板中的滤镜参数和效果。

（4）【启用或禁用滤镜】按钮 ◉：单击该按钮可以启用或禁用所选的滤镜效果。

（5）【重置滤镜】按钮 ▣：单击该按钮可将所选滤镜的参数重置为默认值。

（6）【删除滤镜】按钮 ▣：单击该按钮可将所选滤镜删除。

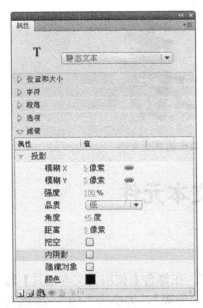

图 7-6　文本滤镜效果的设置及效果

2. 制作变形与渐变文字

在 Flash 中创建的文本默认情况下是一个整体，无法对每一个文字单独进行调整和填充，因此必须对文本进行分离操作。选中文本后，按【Ctrl+B】组合键执行分离操作，将文本分离成单个文字，再按【Ctrl+B】组合键执行一次分离操作，可以将文本分离成矢量图形，如图 7-7 所示。

春眠不觉晓　　春眠不觉晓　　春眠不觉晓

图 7-7　文本的两次分离

分离为矢量图形的文本可以使用【任意变形工具】进行变形操作，制作各种异型文字，如图 7-8 所示。

图 7-8　使用变形工具制作的变形文字

此外，文本转换成矢量图形后，还可以用"颜色面板"中的渐变色进行填充，如图 7-9 所示。

■ 图 7-9　使用【填充工具】制作的渐变文字

任务二　制作文本元件

一、输入文本

新建一个 Flash 文件，命名为"耀动的文字.fla"。在舞台上使用【文本工具】输入文字"儿童快乐课堂"，并设置文本属性，系列为"迷你简秀英"，大小为"50"，颜色为"橙色（#FF6600）"，属性参数和文字效果如图 7-10 所示。

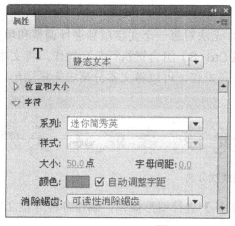

■ 图 7-10　文字参数属性设置和效果

二、分离文本

选中文字，按【Ctrl+B】组合键执行一次分离操作，将文本分离成单个文字，再按【Ctrl+B】组合键执行一次分离操作，将文本分离成矢量图形，如图 7-11 所示。

■ 图 7-11　文字的两次分离效果

三、制作渐变文字

选中文字的矢量图形，在"颜色"面板中设置类型为"线性"，左侧节点为"黄色（##FFFF00）"，右侧节点为"橙色（#FF6600）"，渐变色的参数设置和文字效果如图 7-12 所示。

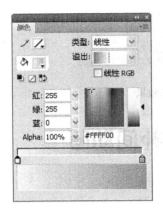

■ 图7-12 渐变填充参数设置和填充效果

四、制作"儿"文字的影片剪辑

由于制作"儿童快乐课堂"的文本动画需要每一个字单独处理，所以要把每个字制作成一个单独的元件放在一个图层中。因为矢量图形和图形元件都不能添加滤镜效果，所以要把文字逐个转换为影片剪辑元件，并为影片剪辑添加投影滤镜。

首先使用【选择工具】选中"儿"字，再按【F8】快捷键将它转换为元件，元件命名为"儿"，"类型"为影片剪辑。然后打开"属性"面板，单击左下角【添加滤镜】按钮，在菜单中选择"投影"，为它添加投影滤镜。投影滤镜的参数设置和效果如图7-13所示。

 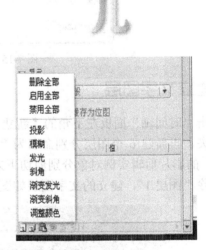

■ 图7-13 投影滤镜的参数设置和效果

五、制作其他文字的影片剪辑

用相同的方法将其他的文字转换为影片剪辑元件，分别命名为"童"、"快"、"乐"、"课"和"堂"。然后选择"儿"字的实例对象，在"属性"面板中单击左下角【剪贴板】按钮执行【复制全部】命令复制滤镜参数。然后再选择其他文字，在"属性"面板的"滤镜"选项中执行【剪贴板】下的【粘贴】命令，来复制滤镜参数，这样就可以为每一个文字设置相同的投影效果。所有文字的投影效果如图7-14所示。

儿童快乐课堂

■ 图 7-14　所有文字的投影效果

任务三　创建文本的补间动画

一、导入背景图片

新建一个名为"背景"的图层，将素材中"素材与实例→project07→素材"目录下的"课堂背景.jpg"导入到舞台。然后选择【修改】→【文档】菜单命令将文件大小改为 700 像素×300 像素，参数设置如图 7-15 所示，单击"确定"按钮完成设置。选择背景图，利用"属性"面板将图片调整为 700 像素×300 像素，并与场景对齐。

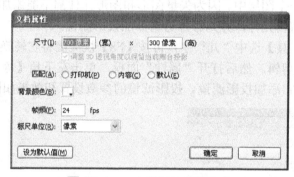

■ 图 7-15　文档属性参数设置

二、建立文字图层

单击"时间轴"面板左下角的【新建文件夹】按钮，新建一个名为"儿童快乐课堂"的文件夹，再新建 6 个图层分别命名为"儿"、"童"、"快"、"乐"、"课"和"堂"。然后将 6 个文字的影片剪辑实例对象分别剪切下来粘贴到对应的图层中，并将这 6 个图层拖到文件下，删除"图层 1"，建立的文字图层如图 7-16 所示。

■ 图 7-16　建立的文字图层

图 7-16　建立的文字图层（续）

三、制作文字的右移动画

1. 制作"儿"字的右移动画

在"背景"图层的第 210 帧处右击，在弹出的快捷菜单中执行【插入帧】命令，将背景的显示延长到第 210 帧。然后选中"儿"图层的第 210 帧，右击，在弹出的快捷菜单中执行【插入帧】命令，再在第 1～210 帧之间右击，在弹出的快捷菜单中执行【创建补间动画】命令，创建一个补间动画。选择第 1 帧中的文字对象，在"属性"面板中设置参数 X 为 280，Y 为 90，宽度为 64，高度为 62，将"色彩效果"选项中样式下的 Alpha 值调整 0%。在第 15 帧处选中文字，将"属性"面板中的 X 值改为 345.3，Y 为 55，宽度为 52.7，高度为 51，Alpha 值改为 100%，这样就可以制作出文字的淡入右移动画，如图 7-17 所示。

2. 制作"童"字的右移动画

按照"儿"字淡入右移动画的制作方法，制作"童"字的淡入右移动画。将"童"图层中的第 1 帧移动到第 15 帧，选中文字并设置属性参数 X 为 342，Y 为 107，宽度为 62，高度为 58，Alpha 为 0%。在第 30 帧处插入帧，选中文字并修改属性参数 X 为 400，Y 为 53，宽度为 53，高度为 54，Alpha 为 100%，在第 15～30 帧之间创建补间动画，最后在第 210 帧处插入帧，将动画延长到第 210 帧，如图 7-18 所示。

图 7-17　"儿"字的淡入右移动画

图 7-18　"童"字的淡入右移动画

四、制作文字的旋转动画

1. 制作"快"字的旋转动画

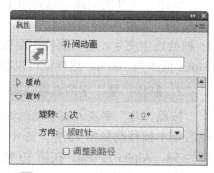

图 7-19　补间动画的旋转设置

将"快"图层中的第 1 帧移动到第 38 帧，选中文字，设置属性参数 X 为 453，Y 为 53，宽度为 51，高度为 47，Alpha 为 0%。在第 65 帧处插入帧，选中文字，并修改属性参数 Alpha 为 100%，在第 38～65 帧之间创建补间动画，在"属性"面板中设置补间动画为顺时针旋转 1 次，如图 7-19 所示。最后在第 210 帧处插入帧，将动画延长到 210 帧，如图 7-20 所示。

图 7-20　"快"字的顺时针旋转动画

2. 制作"乐"字的旋转动画

按照"快"字旋转动画的方法制作"乐"字的旋转动画，动画从第 65 帧开始到第 90 帧结束，逆时针旋转 1 次，并延长到第 210 帧。其中第 65 帧的属性参数 X 为 505，Y 为 55.5，宽度为 44.5，高度为 45.4，Alpha 为 0%。第 90 帧处修改属性参数 Alpha 为 100%，如图 7-21 所示。

图 7-21　"乐"字的逆时针旋转动画

五、制作文字的左移动画

1. 制作"课"字的左移动画

按照前面介绍的制作右移动画的方法，给"课""堂"两个图层制作左移动画。"课"图层的左移补间动画从第 90～105 帧。第 90 帧的属性参数 X 为 590，Y 为 70，宽度为 64，高度为 62，Alpha 为 0%。第 105 帧修改属性参数 X 为 555，Y 为 55.5，宽度为 54，高度为 52，Alpha 为 100%。最后给图层的第 210 帧处插入帧以延长画面，如图 7-22 所示。

图 7-22　"课"字的左移动画

2. 制作"堂"字的左移动画

在"堂"图层的第 120 帧处插入帧，再在第 1～120 帧之间创建补间动画，然后将第 1 帧拖动到第 105 帧。第 105 帧的属性参数 X 为 640，Y 为 90，宽度为 64，高度为 62，Alpha 为 0%。第 120 帧修改属性参数 X 为 610，Y 为 52，宽度为 54，高度为 52，Alpha 为 100%。最后给图层的第 210 帧处插入帧以延长画面，如图 7-23 所示。

图 7-23   "堂"字的左移动画

任务四   创建文本的遮罩动画

一、编辑"与你共同成长"的文字

在文件夹上方新建一个名为"与你共同成长"的图层，使用【文本工具】输入文字"与你共同成长"，然后设置文字属性，系列为"华康海报体 W12"，大小为"27"，颜色为"粉色（#FF9999）"，文本的属性参数设置和文本效果如图 7-24 所示。

图 7-24   文本参数设置和效果

二、制作文字发光动画

在图层的第 150 帧处插入关键帧，选中文本对象，在"属性"面板中为文字添加发光滤镜，设置发光滤镜参数和文本效果如图 7-25 所示。

图 7-25　第 150 帧处的滤镜参数和文本效果

再在第 165 帧处插入关键帧，将文本对象的发光滤镜的参数修改为如图 7-26 所示的数值，然后在第 150～165 帧之间创建传统补间。

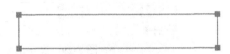

图 7-26　第 165 帧处的滤镜参数和文本效果

最后在第 180 帧处插入关键帧，将文本对象的发光滤镜的参数修改为如图 7-27 所示的数值，然后在第 165～180 帧之间创建传统补间。

图 7-27　第 180 帧处的滤镜参数和文本效果

完成文字的发光动画效果和时间轴如图 7-28 所示。

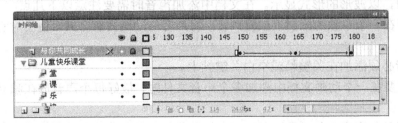

图 7-28　文字发光动画效果和时间轴

三、制作文字遮罩动画

在"与你共同成长"图层上新建一个名为"遮罩"的图层，使用【矩形工具】在文字的左侧绘制一个能完全覆盖文字的无笔触的矩形，矩形的填充色可以为任意颜色，因为遮罩图层的填充色会被忽略。在第 125 帧和 150 帧处插入关键帧，然后将第 150 帧处的矩形移到文字的上方盖住文字，在第 125～150 帧之间创建传统补间。最后选中遮罩图层，右击，在弹出的快捷菜单中执行【遮罩】命令，将遮罩图层转换为遮罩层，将"与你共同成长"图层转换为被遮罩层，遮罩文字动画效果和时间轴如图 7-29 所示。

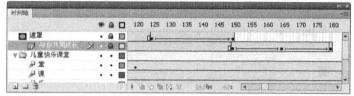

图 7-29   文字的遮罩动画效果和时间轴

 知识加油站 ◂·

一、在动画中应用声音

在 Flash 动画中恰当地加上声音能使动画更加生动。Flash 导入声音的格式有多种，不仅可以导入常用的 MP3、WAV 格式的声音文件，如果系统安装了 QuickTime 4 或更高版本，还可以导入一些附加的声音文件格式。

1. 导入声音

在 Flash 动画中导入声音的方法很简单，选择【文件】→【导入】→【导入到舞台】或者【导入到库】菜单命令，然后在弹出的"导入"或"导入到库"对话框中双击需要导入的声音文件，即可将选择的声音文件导入到当前文档的库面板中。注意无论使用哪种方法导入声音，只能将声音导入到 Flash 的库中，而不能直接导入到舞台中。

如果想要将导入库中的声音文件应用在 Flash 文档中，只需要将库中的声音文件拖到舞台中，即可将该声音添加到当前图层中。添加声音后，在"时间轴"面板的当前图层中会出现声音的音轨，以波形的形式显示。在文档中添加声音时需要注意以下几点。

（1）最好在一个单独的图层上放置声音，将声音与动画内容分开，便于对它们分别进行管理。

（2）声音必须添加在关键帧或空白关键帧上。

（3）如果要在一个动画文档中添加多个声音文件时，最好每个声音放在独立的图层上以便于管理。

除了可以导入声音文件外，Flash CS4 在公用库中还提供了多种用作效果的声音文件。选择【窗口】→【公用库】→【声音】菜单命令，打开声音公用库，将要使用的声音从库中拖到舞台上即可。

2．添加、删除及切换声音

为文档添加声音文件后，可以在帧的"属性"面板中对声音进行设置。选择"声音"图层的任意一帧，然后在"声音"选项中单击名称右侧的按钮，打开如图 7-30 所示的下拉列表，选择"无"，则会将该帧处添加的声音删除。选择所要添加的声音文件即可将该声音文件添加到当前文档中。如果该文档中包括多个声音，选择不同的声音文件，可以进行各个声音的切换。

3．添加声音效果

在帧"属性"面板中还能为声音添加不同的声音效果，包括淡入，淡出，左、右声道的不同播放等，使之更符合动画的要求。选择声音图层的任意一帧，然后在"属性"面板中的"声音"选项中，单击"效果"右侧按钮，在弹出的下拉列表中添加声音特效，如图 7-31 所示。

（1）无：选择该项不对声音应用效果，也可以将以前添加了的特效删除。

（2）左声道|右声道：选择该项，只在左声道或右声道中播放声音。

（3）向右淡出|向左淡出：选择该项，会将声音从一个声道切换到另一个声道。

（4）淡入：选择该项，在声音的持续时间内逐渐增加音量。

（5）淡出：选择该项，在声音的持续时间内逐渐减小音量。

（6）自定义：选择该项，可以根据自己的需要自定义编辑声音的效果。

图 7-30　在"属性"面板中改变声音文件

图 7-31　在"属性"面板中添加声音效果

二、根据声音制作动画和添加字幕

在 Flash 中无论是制作 MTV、动画短片还是多媒体课件，都需要在动画中配上声音，并且根据声音添加字幕。下面就介绍一下为动画配上声音、添加字幕的方法。

1．计算声音长度

制作音乐动画时，需要先添加歌曲，然后根据音乐的节奏和长度来安排动画内容和添加字幕。将音乐的文件从库中拖到舞台上后，在图层中会出现声音的完整波形，这时就可以知道声音占用的帧数了。然后将动画其他图层也在音乐结束帧处插入帧来延长画面。

2．制作字幕元件

制作声音的字幕时，为了保证添加时字幕的位置统一，以及能为字幕添加一些特效，可以将每一句歌词都制作成影片剪辑元件，并根据自己的喜好来设置文字的字体、字号、颜色和滤镜效果等属性，以使字幕更加美观。

3．添加字幕元件

根据音乐内容和动画要求的不同，字幕的形式也有所不同，有的字幕可以随着画面的内容放置在任何地方，也有些字幕要求必须在画面的同一位置。这样为了保证位置的统一，可以采用交换元件的方法来放置字幕元件。

 实训演练 ◄·

利用前面学习过的文本的编辑方法与文本动画的制作方法来制作"喜结良缘"的文本动画。其参考步骤如下。

（1）新建一个 Flash 文档，命名为"喜结良缘.fla"。将文档的尺寸改为宽度 600 像素，高度 445 像素。将素材中"素材与实例→project07→素材"目录下的"喜结良缘.jpg"图片导入到舞台，默认图层重命名为"背景"。在"属性"面板中修改背景图片的尺寸同样为 600 像素×445 像素并与场景对齐，如图 7-32 所示。

图 7-32　导入背景图片

（2）新建一个名为"内容"的图形元件，选择【椭圆工具】，在"颜色"面板中设置笔触类型为无，设置填充类型为"放射状"，将渐变颜色区域的由左至右分别设置为"#000000、#111916、#EBEBEB"，Alpha 参数从左到右依次设置为 100%、40%、0%，在舞台上绘制一个正圆。参数设置与效果如图 7-33 所示。

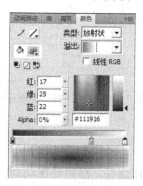

图 7-33　灰色圆的填充色设置与图形效果

（3）再新建一个图层，使用【椭圆工具】，按前面设置好的参数绘制一个正圆，然后用【任意变形工具】调整为合适的形状和大小。按照同样的方法再新建几个图层至"图层 8"，在每个图层绘制形态不同的椭圆形，如图 7-34 所示。

（4）在"图层 2"上新建"图层 9"，在"颜色面板"中设置笔触类型为无，设置填充类型为"放射状"，渐变颜色区域最左边设为"黄绿色（#ACBB81）"，Alpha 参数从左到右依次设为 100%、30%、0%，然后在舞台的相应位置上绘制一个正圆。参数设置与效果如

图 7-35 所示。

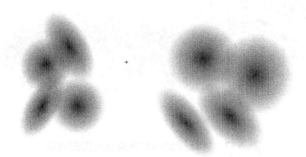

图 7-34 绘制多个椭圆图形

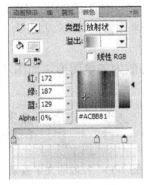
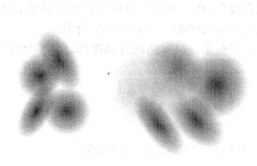

图 7-35 黄绿圆的填充色设置与图形效果

（5）在"图层 9"上新建"图层 10"，在"颜色"面板中设置笔触类型为无，设置填充类型为"放射状"，渐变颜色从左到右依次设为"#33664D、#333366、#ACBB81"，Alpha 参数从左到右依次设为 100%、40%、30%，然后在舞台的相应位置上绘制一个正圆，参数设置与效果如图 7-36 所示。

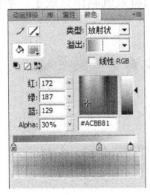
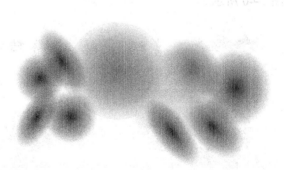

图 7-36 蓝绿圆的填充色设置与图形效果

（6）在"图层 10"上新建"图层 11"，在"颜色面板"中设置笔触类型为无，设置填充类型为"放射状"，渐变颜色从左到右依次设为"#33664D、#ACBB81、#ACBB81"，Alpha 参数从左到右依次设为 100%、40%、30%，然后在舞台的相应位置上绘制一个正圆。参数设置与效果如图 7-37 所示。

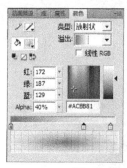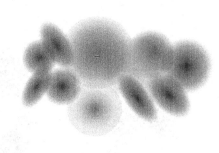

图 7-37　青绿圆的填充色设置与图形效果

（7）新建一个名为"梦幻字体"的图形元件，将默认图层重命名为"内容"，从库中将内容元件拖入到舞台并移至合适的位置上。再新建一个名为"字体"的图层，用文本工具输入文字"喜结良缘"，在"属性"面板中设置字符系列为"迷你繁启体"，大小为"50 点"，颜色为深"红色（#990000）"。如图 7-38 所示。

（8）选中文字对象，执行两次分离操作，将整体文字打散为矢量图形，如图 7-39 所示。

图 7-38　"喜结良缘"文字效果　　　　　　　图 7-39　打散的文字效果

（9）在"内容"和"字体"图层的第 200 帧处插入帧以延长画面，选中"内容"图层的第 1 帧，将"内容"元件对象移至文字的左边，在第 100 帧处插入关键帧，将"内容"元件移至文字的右边。在第 150 帧处插入关键帧，将"内容"元件移至文字的位置，在第 200 帧处插入关键帧，将"内容"元件移再至文字的左面，然后分别创建三段传统补间动画。再选中"字体"图层，右击，在弹出的快捷菜单中选择【遮罩层】，将"字体"图层转换为遮罩层，将"内容"图层转换为被遮罩层。这样"梦幻字体"的特效就制作完成了。字体效果及时间轴如图 7-40 所示。

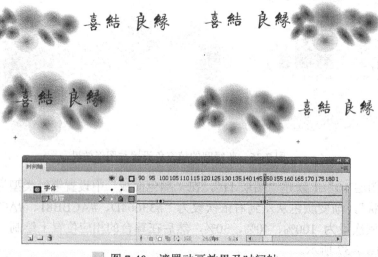

图 7-40　遮罩动画效果及时间轴

（10）新建一个名为"welcome 模糊"的影片剪辑元件。使用【文本工具】输入文字"welcome"。在"属性面板"中设置字符系列为"One Fell Swoop"，大小为 65 点，颜色为"粉色（#FF9999）"。单击"属性"面板滤镜项目左下角【添加滤镜】按钮，在菜单中选择"渐变斜角"，参数设置和文字效果如图 7-41 所示。

图 7-41 "渐变斜角"参数设置和文字效果

（11）用【选择工具】选中"welcome"文字，执行分离操作，再右击，在弹出的快捷菜单中执行【分散到图层】命令，"welcome"文字被分散到 7 个不同的图层中，图层分别自动命名为"w、e、l、c、o、m、e"，删掉默认"图层 1"，再延长所有图层到第 100 帧的位置。选中"w"图层第 1 帧上的字母，在"属性"面板中修改文字位置 X 为-145，Y 为-144，滤镜中选择"模糊"效果，参数如图 7-42（a）所示。在"w"图层的第 10 帧处插入关键帧，选中字母，在"属性"面板中修改文字位置 X 为-168.5，Y 为-111，滤镜中的"模糊"效果参数如图 7-42（b）所示。最后在第 1～10 帧之间创建一个传统补间动画。

（a）第 1 帧中滤镜的参数设置 　　　　（b）第 10 帧中滤镜的参数设置

图 7-42 文字滤镜设置

（12）按照"w"图层制作动画的方法制作其他字母的动画效果。其参数设置如下。

① "e"图层动画从第 5～15 帧。第 5 帧中参数 X 为-57.8，Y 为-144，滤镜参数如图 7-42（a）所示。第 15 帧中参数 X 为-31.3，Y 为-111，滤镜参数如图 7-42（b）所示。

② "l"图层动画从第 10～20 帧。第 10 帧中参数 X 为-27.3，Y 为-144，滤镜参数如图 7-42（a）所示。第 20 帧中参数 X 为-11.8，Y 为-111，滤镜参数如图 7-42（b）所示。

③ "c"图层动画从第 15～25 帧。第 15 帧中参数 X 为-2.4，Y 为-144，滤镜参数如图 7-42（a）所示。第 25 帧中参数 X 为-6.7，Y 为-111，滤镜参数如图 7-42（b）所示。

④ "o"图层动画从第 20～30 帧。第 20 帧中参数 X 为 21.3，Y 为-144，滤镜参数如图 7-42（a）所示。第 30 帧中参数 X 为-25.8，Y 为-111，滤镜参数如图 7-42（b）所示。

⑤ "m"图层动画从第 25～35 帧。第 25 帧中参数 X 为 55，Y 为-144，滤镜参数如图 7-42

（a）所示。第 35 帧中参数 X 为 49，Y 为-111，滤镜参数如图 7-42（b）所示。

⑥ 第二个"e"图层动画从第 30～40 帧。第 30 帧中参数 X 为 160，Y 为-144，滤镜参数如图 7-42（a）所示。第 40 帧中参数 X 为 90，Y 为-111，滤镜参数如图 7-42（b）所示。

这样文字的模糊特效就制作完成了，动画过程和时间轴如图 7-43 所示。

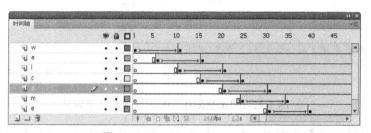

图 7-43　动画过程及时间轴

（13）返回"场景 1"，在"背景"图层上分别新建"梦幻字体"和"welcome"两个图层。在"背景"图层第 250 帧处插入帧。选择"梦幻字体"图层，将库中的梦幻字体元件拖入舞台中的合适位置，并将图层延长至第 200 帧。最后选择"welcome"图层，在第 200 帧处插入关键帧，将库中的"welcome"模糊元件拖入舞台中的合适位置上，并将图层延长至第 250 帧。时间轴如图 7-44 所示。动画效果如图 7-45 所示。

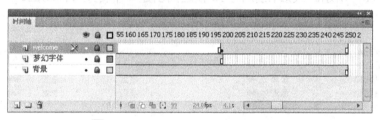

图 7-44　　"welcome"图层时间轴

图 7-45 文字动画效果

拓展与练习

一、填空题

1. 可以直接导入 Flash 文档的声音文件格式有_____、_____和_____三种，其中_____格式的声音最常用。

2. 在 Flash 中可以创建_____、_____和_____3 种类型的文本。

3. 文本工具有_____和_____两种文本输入框。

4. 制作变形文字或渐变文字必须执行_____操作，将文字转换为_____。

5. 文本"属性"面板中，_____选项用于字体、大小和颜色的设置，_____选项可以为文字添加投影、发光等特殊效果。

6. 在添加了声音的图层中，使用帧"属性"面板的_____选项可以为声音添加淡入、淡出等效果。

二、拓展题

利用前面学习过的导入声音和制作字幕的方法来制作一个短小的 MTV 动画。其参考步骤如下。

1. 新建一个名为"摇篮曲 MTV"的 Flash 文件，修改文档属性，宽度为 550 像素，长度为 400 像素，帧频为 12fps（减缓帧速以配合音乐）。将素材中"素材与实例→project07→素材"目录下的"背景 1.jpg"图片导入到舞台（不导入序列中的所有图像），默认图层重命名为"背景 1"。选中导入的图像，在"属性"面板中修改"背景 1"图片的尺寸同样为 550 像素×400 像素，并与场景对齐。

2. 在"背景 1"图层上新建一个名为"音乐"的图层。选择【文件】→【导入】→【导入到库】菜单命令，将素材中"素材与实例→project07→素材"目录下的"摇篮曲 MP3.mp3"导入到库。选中"音乐"图层，将库中的"摇篮曲 MP3.mp3"音乐文件拖入舞台。根据歌曲的长度可以确定动画的长度为 380 帧【歌曲时长（秒）×帧频】，在"音乐"图层第 380 帧处插入帧，此时在时间轴上会出现浅紫色的声波，如图 7-46 所示。

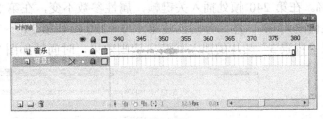

图 7-46　背景图片和"音乐"图层时间轴

3. 将"背景 1"图层中的图片转换为图形元件，然后在第 380 帧处插入帧来延长画面。在第 80 帧和第 110 帧处插入关键帧，在第 110 帧中，选中图片，设置 Alpha 属性值为 0%，然后创建第 80～110 帧之间的传统补间动画，完成"背景 1"图片的淡出效果，如图 7-47 所示。

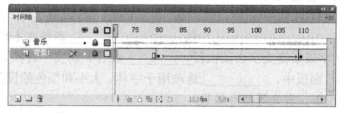

图 7-47　背景 1 的淡出动画效果和时间轴

4．在"背景 1"图层上新建一个名为"背景 2"的图层，将同目录下"背景 2"图片导入舞台并转换为图形元件，调整为舞台大小，再将画面延长到 380 帧。选中第 1 帧单击鼠标向右拖动到第 100 帧处，选中图片将 Alpha 属性值设为 0%。在第 130 帧处插入关键帧，将 Alpha 属性值改为 100%。在第 150 帧处插入关键帧，属性参数不变，在第 200 帧处插入关键帧，再把 Alpha 属性值改为 0%。然后分别创建第 100～130 帧和第 150～200 帧之间的两段传统补间动画，实现"背景 2"图片的淡入和淡出动画效果，时间轴如图 7-48 所示。

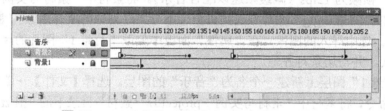

图 7-48　"背景 2"图片淡入淡出动画的时间轴

5．在"背景 2"图层上新建一个名为"背景 3"的图层，将同目录下"背景 3"图片导入舞台并转换为图形元件，再将画面延长到 380 帧。选中第 1 帧单击鼠标向右拖动到第 190 帧处，选中图片将 Alpha 属性值设为 0%。在第 220 帧处插入关键帧，将 Alpha 属性值改为 100%。在第 240 帧处插入关键帧，属性参数不变，在第 285 帧处插入关键帧，再把 Alpha 属性值改为 0%。然后分别创建第 190～220 帧和第 240～285 帧之间的两段传统补间动画，实现"背景 3"图片的淡入和淡出动画效果，时间轴如图 7-49 所示。

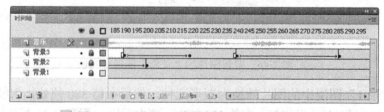

图 7-49　"背景 3"图片淡入淡出动画的时间轴

6．在"背景 3"图层上新建一个名为"背景 4"的图层，将同目录下"背景 4"图片导入舞台并转换为图形元件，再将画面延长到 380 帧。选中第 1 帧单击鼠标向右拖动到第 280

帧处，选中图片将 Alpha 属性值设为 0%。在第 340 帧处插入关键帧，将 Alpha 属性值改为
100%。然后分别创建第 280～340 帧之间的传统补间动画，实现背景 4 图片的淡入动画效果，
时间轴如图 7-50 所示。

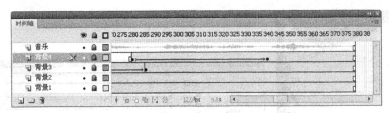

图 7-50 "背景 4"图片淡入动画的时间轴

7. 新建一个名为"文字 1"的图形元件，使用【文本工具】输入文字"睡吧 睡吧 我亲爱
的宝贝"。在"属性"面板中设置字符系列为"华康海报简体 W12"，样式为"Bold"，大小为"50
点"，颜色为"橘色（#FF9932）"。再用相同的方法和参数制作其他 3 个文字图形元件，分别命
名为"文字 2"、"文字 3"和"文字 4"。4 个文字元件中的歌词内容和文字效果如图 7-51 所示。

睡吧 睡吧 我亲爱的宝贝

妈妈的双手轻轻摇着你

摇篮摇你 快快安睡

夜已安静 被里多温暖

图 7-51 歌词内容与文字效果

8. 返回"场景 1"，在"背景 4"图层上新建 4 个图层分别命名为"文字 1"、"文字 2"、
"文字 3"和"文字 4"。将库中的 4 个元件分别拖入对应图层的舞台中。选中"文字 1"图
层，将第 1 帧中歌词的 Alpha 值设为 0%，在第 20 帧处插入关键帧，将 Alpha 值改为 100%，
在第 110 帧处插入关键帧，再把 Alpha 值改为 0%。然后创建这两段的传统补间动画。文字
位置和时间轴如图 7-52 所示。

图 7-52 "文字 1"的位置与时间轴

9. 选中"文字 2"图层，选中第 1 帧单击鼠标向右拖动到第 110 帧处，将文字的 Alpha

属性值设为 0%。在第 130 帧处插入关键帧，将 Alpha 属性值改为 100%。在第 180 帧处插入关键帧，将 Alpha 属性值改为 0%。然后分别创建两段传统补间动画，实现"文字 2"的淡入淡出动画效果，文字位置和时间轴如图 7-53 所示。

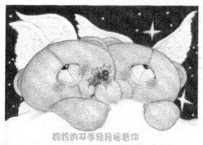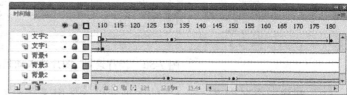

图 7-53　"文字 2"的位置与时间轴

10. 选中"文字 3"图层，将第 1 帧拖动到第 200 帧处，将文字的 Alpha 属性值设为 0%。在第 240 帧处插入关键帧，将 Alpha 属性值改为 100%。在第 285 帧处插入关键帧，将 Alpha 属性值改为 0%。然后分别创建两段传统补间动画，实现"文字 3"的淡入淡出动画效果，文字位置和时间轴如图 7-54 所示。

图 7-54　"文字 3"的位置与时间轴

11. 选中"文字 4"图层，将第 1 帧拖动到第 285 帧处，将文字的 Alpha 属性值设为 0%。在第 340 帧处插入关键帧，将 Alpha 属性值改为 100%。然后创建传统补间，实现"文字 4"的淡入动画效果，文字位置和时间轴如图 7-55 所示。

图 7-55　"文字 4"的位置与时间轴

12. 在"文字 4"图层上新建一个名为"蒲公英"的图层，选择【文件】→【导入】→【打开外部库】菜单命令，将素材中"素材与实例→project07→素材"目录下的"蒲公英.fla"文件中的库打开，将库中的"漫天飞舞"影片剪辑拖入到舞台，再用【任意变形】命令调整实例对象大小，呈现蒲公英飞舞的动画效果，如图 7-56 所示。

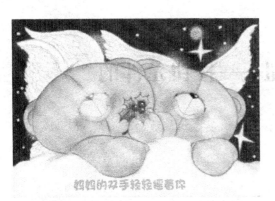

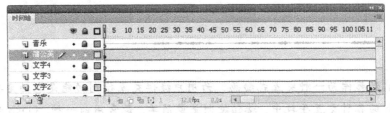

图 7-56　蒲公英飞舞的动画效果与时间轴

13. 完成"摇篮曲 MTV"的制作，测试影片效果如图 7-57 所示。

图 7-57　MTV 测试效果

项目八 动态的按钮——按钮元件的制作

Flash 动画作为一种交互式动画，为用户提供交互控制功能是它的主要功能。而在 Flash 的各种交互手段中，按钮控制是最简单、最常用的一种。Flash 动画中的按钮各种各样，功能各异，单击按钮即可完成各种控制操作。

本项目以一个儿童学习网站的按钮制作为实例，重点介绍了图像按钮、音效按钮、动态按钮、二级导航按钮等几种常用的、典型的按钮是如何制作的。此外，在知识加油站里还介绍了 Flash 中组件的知识和常用几种组件的使用方法。

能力目标

◆ 了解按钮的制作原理，熟练掌握图像按钮和音效按钮的制作方法。

◆ 掌握具有动画效果的按钮的制作方法和制作技巧。

◆ 掌握带有二级下拉菜单的导航按钮的制作方法和制作技巧。

◆ 了解 Flash 中组件的知识，并能够应用几种常用的组件。

任务一　认识按钮元件

一、按钮元件的特点

在 Flash 动画中，按钮的主要功能是让用户在单击按钮后实现一些控制功能，如重新播放动画，控制背景音乐的开、关等。为了在动画中能够区分出有特殊功能的按钮，一般按钮都会在鼠标经过它时发生一些变化。因此按钮元件与一般的图形元件和影片剪辑元件有一些不同，它具有以下特点。

（1）按钮元件的时间轴与影片剪辑一样，是独立于主时间轴的。在动画播放时它可以反复播放自身时间轴上的内容。但是，按钮元件只有前 4 帧有作用，其他帧在播放时不起作用。

（2）按钮元件内可以包含 Flash 支持的所有元素，包括图形元件实例、影片剪辑实例、位图、组合、分散的矢量图形以及动态文本和输入文本等。

（3）按钮元件时间轴的帧上可以添加声音，但不能添加动作脚本。按钮的动作脚本只能应用于具体的实例对象。

（4）使用按钮元件创建的按钮实例对象必须与动作脚本相配合，才能制作互动效果，完成控制功能。

二、按钮元件的制作方法

按钮元件时间轴上的四个固定帧具有特殊的作用，制作按钮元件实际是就是根据按钮的实际显示需要和动画效果来设计这四帧的内容。第 1 帧称为"弹起"帧，它的内容是鼠标指针不接触按钮时按钮的外观样式；第 2 帧称为"指针经过"帧，它的内容是鼠标经过按钮时按钮的外观样式；第 3 帧称为"按下"帧，是在按钮上按鼠标左键时按钮的外观样式；第 4 帧称为"点击"帧，它的内容不显示，只是用来确定按钮的响应区域。下面以一个常用的重播文字按钮的例子来简单介绍一下按钮元件的制作方法。

1．编辑"弹起"帧

要制作一个按钮元件，必须要选择【插入】→【新建元件】菜单命令，新建一个按钮类型的元件。进入元件编辑界面后，首先要确定按钮在正常动画播放时的外观样式，所以要先选中"弹起"帧，然后输入文字"重播"，设置文本的字符系列为"微软雅黑"，大小为"50点"，颜色为"白色"。"弹起"帧的文字效果和时间轴如图 8-1 所示。

2．编辑"指针经过"帧

接下来要设计鼠标经过按钮时按钮的动态变化，这样才能更好地提示用户这是一个功能按钮。为此要在"指针经过"帧上插入关键帧，这时"弹起"帧的内容会被自动复制到"指针经过"帧，单击"重播"文字，在"属性"面板中修改它的字符颜色为"黄色（#FFFF00）"，"指针经过"帧的文字效果和时间轴如图 8-2 所示。

图 8-1 "弹起"帧的文字效果和时间轴

图 8-2 "指针经过"帧的文字效果和时间轴

3．编辑"按下"帧

如果希望在鼠标按下按钮时与经过按钮时的样式不同，还可以编辑"按下"帧的状态。在"按下"帧上插入一个关键帧，然后在文本对象的"属性"面板中为它添加发光滤镜效果，"按下"帧的文字效果、滤镜参数和时间轴如图 8-3 所示。

图 8-3 "按下"帧的文字效果、滤镜参数和时间轴

4．编辑"点击"帧

按钮元件的"点击"帧用来确定按钮响应鼠标的范围，现在如果要扩大重播按钮的响应范围，只要鼠标靠近"重播"两个字就会响应按钮变化，那么在"点击"帧上插入关键帧，用【矩形工具】绘制一个比文字稍大一圈的矩形框覆盖住文字就可以了。由于"点击"帧中的内容不显示，因此图形的颜色无所谓，我们关心的只是图形覆盖的范围。"点击"帧的图形范围和时间轴如图 8-4 所示。

图 8-4 "点击"帧的图形范围和时间轴

三、创建按钮对象

返回"场景1",然后从库中将定义的按钮元件拖入到舞台中,就创建了一个按钮对象。在编辑状态下是无法显示按钮的动态变化的,要测试影片后才能通过鼠标的移动和单击来测试按钮的各种状态。但是此时的按钮只是在外观上发生了变化,并不能实现交互控制功能。只有为按钮实例对象添加上脚本代码,才能完成各种控制功能。上面设计的"重播"按钮元件,拖入舞台后,生成一个实例对象,测试影片后按钮在不同状态下的显示效果如图 8-5 所示。

(a) 鼠标未经过状态　　　　(b) 鼠标经过状态　　　　(c) 鼠标按下状态

图 8-5 按钮对象在不同状态下的显示效果

任务二　制作播放器音效按钮

一、新建 Flash 文件

新建一个名为"儿童网站按钮"的 Flash(ActionScript 2.0)文件,选择【修改】→【文档】命令修改文档尺寸。设置文档宽度为 600 像素,长度为 400 像素,背景颜色为"深灰色(#333333)",帧频为 30fps,如图 8-6 所示。

二、导入网站背景素材

1. 导入背景图片素材

将新建文件的默认图层重命名为"背景",把素材中"素材与实例→project08→素材→儿童网站素材"目录下的"背景.jpg"图片导入到舞台。选中图片,在"属性"

图 8-6 修改文档属性

面板中修改图片尺寸同样为 600 像素×400 像素，调整与舞台对齐，在第 21 帧处插入帧来延长画面。背景图片与时间轴如图 8-7 所示。

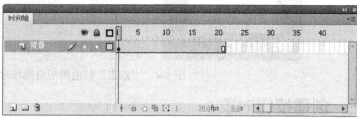

图 8-7　背景图片与时间轴

2．导入屏幕图片素材

新建一个名为"屏幕"的图层，将素材中"素材与实例→project08→素材→儿童网站素材"目录下的"屏幕.png"图片导入到舞台。选中图片，设置它的位置 X 为 69.5，Y 为 49.1，宽度为 346，高度为 340。添加屏幕后的效果和时间轴如图 8-8 所示。

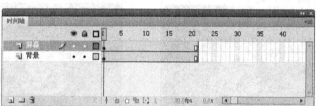

图 8-8　添加屏幕的效果和时间轴

3．导入显示内容图片素材

在屏幕图层上新建一个名为"显示内容"的图层，将素材中"素材与实例→project08→素材→儿童网站素材"目录下的"显示内容.jpg"图片导入到舞台。设置它的位置 X 为 118.9，Y 为 126，宽度为 255，高度为 171。添加了显示内容的效果和时间轴如图 8-9 所示。

图 8-9　添加了显示内容的效果和时间轴

三、制作播放器按钮

1．制作播放按钮元件

（1）选择【插入】→【新建元件】菜单命令，设置名称为"播放"，类型为"按钮"，单击【确定】按钮进入元件编辑界面。将默认图层重命名为"外圆"，选中"弹起"帧，选择【椭圆工具】，在"颜色"面板中设置线条颜色为"浅灰色（#CCCCCC）"，填充颜色为无。在"颜色"面板中设置笔触为大小1，样式为实线。按住【Shift】键在舞台绘制一个正圆，然后选中圆形边框线，在"属性"面板中设置外圆的位置为X为-12.5，Y为-12.5，宽度为25，高度为25。在"指针经过"帧上插入关键帧，选中圆，修改外圆的笔触颜色为"浅绿色（#CADF89）"。在"按下"帧上插入关键帧，修改笔触颜色为"灰色（#6F6F6F）"。在"点击"帧上插入关键帧，利用【油漆桶工具】将圆圈内部填充颜色为"灰白色（#E7F2F6）"。外圆"图层"各帧的显示效果和时间轴如图8-10所示。

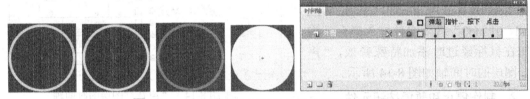

■ 图8-10 "外圆"图层各帧的显示效果和时间轴

（2）在"外圆"图层上新建一个名为"内圆"的图层，选中"弹起"帧，用椭圆工具绘制一个笔触为无，填充颜色为"灰白色（#EEEEEE）"的正圆。设内圆的位置为X为-10，Y为-10，宽度为20，高度为20。在"指针经过"帧上插入关键帧，修改填充颜色为"浅绿色（#CADF89）"。在"按下"帧上插入关键帧，修改填充颜色为"灰色（#6F6F6F）"。删除"点击"帧，"内圆"图层各帧的显示效果和时间轴如图8-11所示。

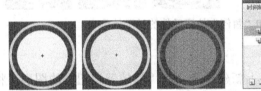

■ 图8-11 "内圆"图层在各帧的显示效果和时间轴

（3）在"内圆"图层上新建一个名为"内圆边"的图层，在"按下"帧上插入关键帧，用【椭圆工具】绘制一个正圆，设置它的笔触大小为1，颜色为"灰白色（#E7F2F6）"，样式为"实线"，填充颜色为无。再设置它的位置为X为-10，Y为-10，宽度为20，高度为20。删除"点击"帧，"内圆边"图层在"按下"帧中的显示效果和时间轴如图8-12所示。

（4）在"内圆边"图层上新建一个名为"符号"的图层，选中"弹起"帧，用【线条工具】绘制一个填充色为"深灰色（#484848）"的无边线三角形。设三角形的位置X为-3，Y为-5，宽度为8，高度为10。在"按下"帧上插入关键帧，修改三角形的填充色为"白色"。删除"点击"帧，"符号"图层在"弹起"和"按下"帧中的显示效果和时间轴如图8-13所示。

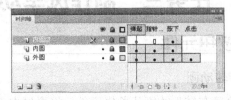

■ 图8-12 "内圆边"图层在"按下"帧中的显示效果和时间轴

图 8-13　"符号"图层在"弹起"和"按下"帧中的显示效果和时间轴

（5）在"符号"图层上新建一个名为"声音"的图层，在"指针经过"帧处插入关键帧，选择【窗口】→【公用库】→【声音】菜单命令打开公用库面板，从公用库中选择"Sports Ball Basketball Caught With Hands 01.mp3"音效文件拖入舞台，为按钮在鼠标经过时添加特殊音效，"声音"图层的时间轴如图 8-14 所示。

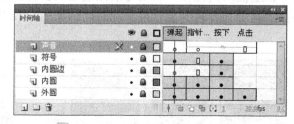

图 8-14　"声音"图层的时间轴

2. 制作停止和暂停按钮元件

在"库"面板中右击"播放"按钮元件在弹出的快捷菜单中，选择【直接复制】，输入名称为"停止"，单击【确定】按钮制作"停止"按钮元件。再按照相同的方法，制作出"暂停"按钮元件。分别更改"停止"、"暂停"中的"符号"图层按钮效果，如图 8-15 所示。

图 8-15　"停止"和"暂停"按钮元件的显示效果

3. 添加按钮对象

返回"场景 1"，在"显示内容"图层上新建一个名为"播放器按钮"的图层，将库中的"播放"、"停止"和"暂停"按钮元件依次拖入舞台并置于屏幕下面。显示效果和时间轴如图 8-16 所示。

 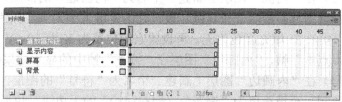

图 8-16　添加"播放器按钮"的显示效果和时间轴

任务三　制作风车动态按钮

一、制作风车按钮元件

1. 制作风车旋转动画

新建一个名为"风车转"的影片剪辑元件，将素材中"素材与实例→project08→素材→儿童网站素材"目录下的"风车.png"图片导入到舞台,并将它转换为图形元件,命名为"风车"。在第 20 帧上插入关键帧并创建补间动画。选中第 20 帧,打开"属性"面板,设置补间动画的旋转方向为"顺时针"。风车旋转补间动画的效果、属性设置和时间轴如图 8-17 所示。

2. 制作风车按钮元件

新建一个名为"风车按钮"的按钮元件,选中"弹起"帧,将库中的"风车转"影片剪辑元件拖入到舞台。在"指针经过"帧上插入关键帧,在"属性"面板查看元件的位置后将元件删除,将库中的"风车"元件拖入到舞台,使它与被删除的元件位置相同。生成一个正常显示时风车旋转,鼠标经过按钮时风车停止旋转的动态按钮效果。"风车按钮"的时间轴如图 8-18 所示。

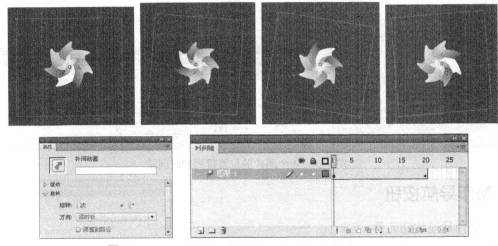

图 8-17 风车旋转补间动画效果、属性设置和时间轴

图 8-18 "风车按钮"的时间轴

二、添加风车按钮对象

返回"场景 1",在"播放器按钮"图层上新建一个名为"风车动态按钮"的图层,将库中的"风车按钮"元件拖入舞台并置于屏幕左侧,再复制一个"风车按钮"元件置于一边,调整两个"风车按钮"元件的大小和位置。再利用【线条工具】为两个风车添加手柄,设置线条的笔触大小为 2,颜色为"绿色(#66B323)"。风车的显示效果和时间轴如图 8-19 所示。

图 8-19 风车的显示效果和时间轴

任务四　制作网站导航条

一、制作导航栏

在"风车动态按钮"图层上方新建一个名为"导航栏"的图层，分别将素材中"素材与实例→project08→素材→儿童网站素材"目录下的"橙色.png"、"蓝色.png"、"绿色.png"和"粉色.png"导入到舞台。设置 4 个图片的宽度均为 110，高度均为 25，位置排列和时间轴如图 8-20 所示。

图 8-20　4 个图片的位置排列和时间轴

二、制作导航按钮

1．制作导航按钮元件

新建一个名为"电子贺卡"的按钮元件，选中"弹起"帧，用【文本工具】输入文字"电子贺卡"，设置字符系列为"华康海报体 W12"，大小为"15 点"，颜色为"白色"。"电子贺卡"按钮的文字效果和时间轴如图 8-21 所示。再用同样的方法和参数创建"电子相册"、"益智园"和"学习课件"3 个按钮元件。

图 8-21　"电子贺卡"按钮的文字效果和时间轴

2．添加导航按钮对象

返回"场景 1"，在"导航栏"图层上新建一个名为"按钮"的图层，将库中的"电子贺卡"、"电子相册"、"益智园"和"学习课件"4 个按钮元件拖入舞台并置于导航栏上面，导航按钮的显示效果和时间轴如图 8-22 所示。

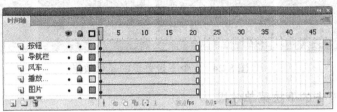

图 8-22　导航按钮显示效果和时间轴

三、制作二级下拉菜单

1. 制作二级菜单按钮元件

新建一个名为"生日贺卡"的按钮元件，选中"弹起"帧，用【文本工具】输入文字"生日贺卡"，设置字符系列为"微软雅黑"，大小为"12 点"，颜色为"白色"。在"指针经过"帧上插入关键帧，修改文字的颜色为"红色（#FF0000）"。按钮的文字效果和时间轴如图 8-23 所示。再用同样的方法创建"母亲节贺卡"、"阳光宝贝"、"猫咪物语"、"智力拼图"、"砸仓鼠"和"英语课件" 6 个按钮元件。

图 8-23　"生日贺卡"按钮效果和时间轴

2. 制作二级菜单影片剪辑元件

新建一个名为"下拉 01"的影片剪辑元件，将库中"生日贺卡"和"母亲节贺卡"两个按钮元件拖入到舞台并上下排列放置，位置分别为 X:0.5，Y:143；X:39.2，Y:145.4。再利用【线条工具】在两个按钮上方绘制一个边线和填充色均为"蓝色（#6FB8DB）"的三角形，七位置为 X:-7.2，Y:-18.3，生成"电子贺卡"导航按钮的下拉菜单。按照同样的方法，分别创建"下拉 02"、"下拉 03"和"下拉 04"3 个影片剪辑元件。其中"下拉 02"中添加"阳光宝贝"和"猫咪物语"按钮，"下拉 03 中"添加"智力拼图"和"砸仓鼠"按钮，"下拉 04"中添加"英语课件"按钮，4 个下拉菜单的显示效果如图 8-24 所示。

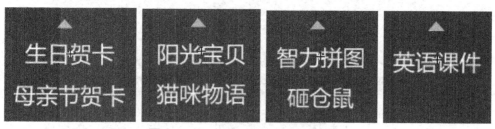

图 8-24　4 个下拉菜单的显示效果

3．制作电子贺卡的下拉菜单效果

返回"场景 1"，在"按钮"图层上新建一个名为"下拉 01"的图层，在第 2 帧处插入关键帧，将库中"下拉 01"元件拖入到舞台。在第 6 帧处插入关键帧，选中图层中的元件并设置它的位置为 X:138，Y:59，宽度为 110，高度为 50。再选中第 2 帧图层中的元件并设置下拉菜单的位置为 X:138，Y:44.5，宽度为 110，高度为 1。然后在两帧之间创建传统补间，并删除掉第 6 帧之后的所有多余帧。电子贺卡下拉菜单效果和时间轴如图 8-25 所示。

4．制作其他下拉菜单效果

在"下拉 01"图层上新建一个名为"下拉 02"的图层，在第 7 帧处插入关键帧，将"下拉 02"元件拖入到舞台。在第 11 帧处插入关键帧，选中图层中的元件并设置位置 X:246，Y:58，宽度为 53，高度为 50。再选中第 7 帧图层中的元件并设置位置为 X:246，Y:44，宽度为 53，高度为 1。然后在两帧之间创建传统补间，删除掉第 11 帧之后的所有帧。再新建一个名为"下拉 03"的图层，在第 12 帧处插入关键帧，拖入"下拉 03"元件到舞台。在 16 帧处插入关键帧，创建第 12～16 帧间的传统补间动画，设置第 12 帧的参数为 X:352，Y:44，宽度为 53，高度为 1，第 16 帧参数为 X:352，Y:59，宽度为 53，高度为 50。删除第 16 帧之后的所有帧。再新建"下拉 04"图层，在第 17 帧处插入关键帧，拖入"下拉 04"元件到舞台。创建第 17～21 帧间的传统补间动画，设置第 17 帧的参数为 X:459，Y:44，宽度为 53，高度为 1，第 21 帧参数为 X:459，Y:59，宽度为 53，高度为 30。其他 3 个下拉菜单的时间轴如图 8-26 所示。

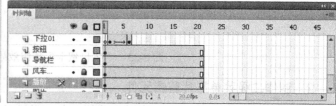

图 8-25　电子贺卡下拉菜单效果和时间轴

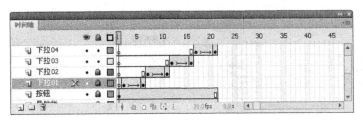

图 8-26　其他三个下拉菜单的时间轴

5．添加帧控制代码

上面设计好的下拉菜单动画会依次自动播放，要想实现单击哪个导航按钮显示哪个下拉菜单的效果，需要为按钮和帧添加脚本代码。首先在"下拉 04"图层上新建一个名为"as"的图层，该图层无内容显示，仅仅是为时间轴添加一些控制命令。然后在第 1 帧上插入关键帧，右击该帧在弹出的快捷菜单中执行【动作】命令，打开脚本编辑器，输入控制代码"stop();"用来控制动画在第 1 帧停止播放，这样可以等待用户单击按钮，再根据单击的按钮来决定执行哪段动画。在第 6 帧上插入关键帧，也输入"stop();"控制代码，用来控制动画从第 2 帧开始播放后到第 6 帧停止，即"下拉 01"元件完全显示后停止动画播放，等待用户再次单击按钮来决定播放哪段动画。按照相同的方法为第 11、16 和 20 帧加入"stop();"控制代码。"as"图层第 1 帧的脚本代码和时间轴如图 8-27 所示。

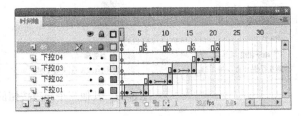

图 8-27　"as"图层第 1 帧的脚本代码和时间轴

6．添加按钮控制代码

在帧上添加的控制代码只是将主时间轴上的动画分成了几个独立播放的部分，但是具体播放哪段动画要由导航按钮来决定，具体的控制代码要添加在按钮对象上。选中"按钮"图层中的"电子贺卡"按钮对象，右击该帧在弹出的快捷菜单中执行【动作】命令，在脚本编辑器中输入如图 8-28 所示的控制代码。

图 8-28　"电子贺卡"按钮的脚本代码

其中，on（rollOver）指令表示鼠标经过的时候要执行{}中的指令代码，"gotoAndPlay(2);"指令则表示要跳转到"场景 1"的第 2 帧去播放动画，即开始播放"下拉 01"菜单的动画。按照相同的方法为其他 3 个导航按钮对象添加脚本代码，每个按钮对象上具体的脚本代码如图 8-29 所示。

图 8-29　其他三个导航按钮的脚本代码

 知识加油站 ◂·

在 Flash 中，用户除了可以使用自定义的按钮来实现交互功能外，还可以通过按钮、文本框、单选按钮和复选框等常用的组件来实现信息的交互。简单来说，组件就是带有参数的影片剪辑，用户只需通过简单的参数设置，以及编写 ActionScript 3.0 代码，就能完成以前只有专业编程人员才能制作出的交互式动画界面。下面我们就来认识几种制作用户交互界面中常用的组件。

一、按钮组件 Button

Button 组件为一个能够响应鼠标事件的标准按钮，它是许多表单和 Web 应用程序的基础部分。例如，要制作一个网页注册的表单，就可以使用 Button 组件来创建标准的"提交"按钮，而不必再自己创建按钮元件了。

选择【窗口】→【组件】菜单命令打开"组件"面板，把"组件"面板中"User Interface"下的 Button 组件拖到舞台中，生成一个默认的 Button 按钮实例对象，如图 8-30 所示。

选择【窗口】→【组件检查器】菜单命令打开"组件检查器"面板，通过"参数"选项卡可以设置"Button"对象的相关组件参数，此外通过"属性"面板可以设置按钮的大小、显示方式、外观样式等参数。按钮对象的相关参数设置和效果如图 8-31 所示。

按钮组件的参数选项功能如下。

（1）emphasized：设置当按钮处于弹起状态时，Button 组件周围是否会有边框。

（2）enabled：用于设置按钮是否能够响应应用户的单击操作，true 表示按钮当前可用，false 表示按钮当前不可用。

（3）label：用于设置按钮上的文本提示信息。

图 8-30 "组件"面板和 Button 按钮实例对象

图 8-31 按钮对象的参数设置和效果

（4）labelPlacement：用于设置按钮上的文本在按钮内的对齐方式。

（5）selected：指定按钮是否处于选择状态，true 表示按钮按下，false 表示按钮未按下。

（6）toggle：将按钮转变为切换开关。true 表示按钮单击一次按下后保持按下状态，再次单击才返回到弹起状态；false 则表示与一般按钮相同。

（7）visible：设置按钮是否显示，true 表示按钮可见，false 表示按钮不可见。

二、文本框组件 TextInput

TextInput 组件为单行文本框。TextInput 组件的添加方法和属性设置方法与按钮相同，它在"组件检查器"面板中的参数选项有一部分与按钮相同，它特有的选项功能如下。

（1）displayAsPassword：设置文本框中输入的文本信息是否以密码的形式显示。true 表示文本内容以密码的形式显示，false 表示文本信息直接显示。

（2）editable：设置文本框是否为可编辑，true 表示即可显示信息又可输入信息，false 表示只显示信息不能输入信息。

（3）maxChars：设置用户可以在文本框中输入的最大字符数。

（4）restrict：设置文本字段从用户处接收的内容，可以显示数据库中的字段信息。

（5）text：设置文本框中的文本内容。

三、单选按钮组件 RadioButton

RadioButton 组件为单选按钮组件，可以让用户从一组单选按钮选项中选择一个选项。它在"组件检查器"面板中主要的参数选项功能如下。

（1）groupName：单选按钮的组名称，一组单选按钮有一个统一的名称。

（2）label：设置单选按钮上的选项内容。

（3）selected：设置单选按钮的初始值是否被选中。true 表示该按钮被选中，false 表示该按钮未被选中，默认值是 false。一个单选按钮组内只能有一个单选按钮被选中。

（4）value：设置选择单选按钮后传递的数据值。

四、复选框组件 CheckBox

CheckBox 组件为复选框组件，使用该组件可以在一组多选按钮中选择多个选项。它在"组件检查器"面板中主要的参数选项功能如下。

（1）label：用于设置多选按钮的选项信息。

（2）selected：用于设置多选按钮的初始值为被选中或取消选中。true 表示被选中，false 表示未被选中。

五、下拉列表框组件 ComboBox

ComboBox 组件为下拉列表的形式，用户可以在弹出的下拉菜单中选择其中一项。它在组件检查器面板中主要的参数选项功能如下。

（1）dataPrevider：用于设置下拉菜单当中显示的内容，以及传送的数据。

（2）prompt：设置下拉列表框中的默认选项。

（3）rowcount：用于设置下拉菜单中可显示的最大行数，超出的部分通过滚动条来显示。

利用组件设计的交互界面如果要能够响应用户的输入，并且为用户显示系统中的数据，那么需要使用 ActionScript 脚本代码来编写程序，并且要与系统的数据库相连接。这些知识超出了本书的范围，我们在这里仅就外观的设计和使用为例进行介绍，如果需要可以参考相关书籍。

 实训演练 ◂·
|||||||||||||||||||||||||||||||

利用前面学习过的制作导航按钮、音效按钮和动态按钮的方法，制作商务网站中的按钮，其参考步骤如下。

（1）新建一个名为"商务网站按钮"的 flash 文件（ActionScript 3.0），将文档的尺寸改为宽度 777 像素，高度 705 像素。将默认图层重命名为"背景"，在第 1 帧中导入素材中"素材与实例→project08→素材→商务网站素材"目录下的"背景.jpg"图片到舞台。修改图片尺寸同样为 777 像素×705 像素，并覆盖舞台。网站背景如图 8-32 所示。

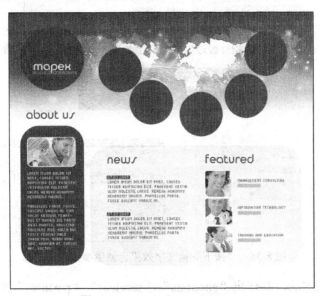

图 8-32 导入网站背景图片

（2）新建一个名为"home"的按钮元件，选中"弹起"帧，用【矩形工具】绘制一个黑色无边线矩形，设置它的宽度为 170，高度为 41。再用【文本工具】在矩形的中间位置输入"home"的文字，设置字符系列为"Arial"，大小为"30 点"，颜色为"白色"。按钮效果和时间轴如图 8-33 所示。

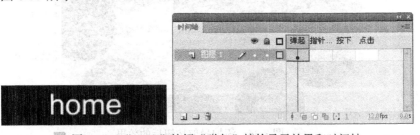

图 8-33 "home"按钮"弹起"帧的显示效果和时间轴

（3）在"指针经过"帧上插入关键帧，将矩形的填充色改为"深蓝色（#003366）"，并为文字添加发光滤镜效果，发光颜色设置为"白色"，品质为"低"，其他使用默认值。"指针经过"帧的效果、滤镜参数设置和时间轴如图8-34所示。

（4）在"按下"帧插入关键帧，修改文字的滤镜参数，将品质由"低"改为"高"，文字效果参数设置和时间轴如图8-35所示。

图8-34 "指针经过"帧的文字效果、滤镜参数和时间轴

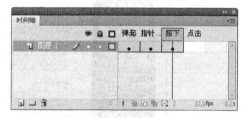

图8-35 "按下"帧文字效果、滤镜参数和时间轴

（5）再用同样的方法，制作出"about us"、"services"、"partners"和"contacts"4个导航按钮元件。返回"场景1"，在"背景"图层上新建一个"导航条"图层，将前面做好的5个导航按钮元件依次拖入舞台并排列在页面的上方，如图8-36所示。

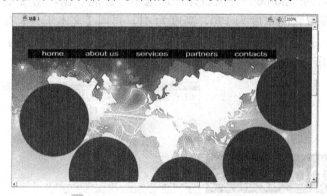

图8-36 添加导航按钮后的效果

（6）新建一个名为"旋动"的影片剪辑元件，将素材中"素材与实例→project08→素材→商务网站素材"目录下的"LOGO.png"图片导入到舞台，并转换成名为"LOGO"的图形元件。在第 20 帧上插入帧并创建补间动画，选择第 20 帧，在"属性"面板中设置补间动画的旋转方向为顺时针。LOGO 图形的顺时针旋转属性设置和时间轴如图 8-37 所示。

 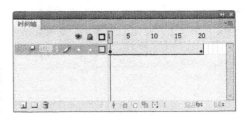

图 8-37　LOGO 图形的顺时针旋转属性设置及时间轴

（7）新建一个名为"花"的按钮元件，选中"弹起"帧，将库中的"LOGO"图形元件拖到编辑界面中，在"指针经过"帧上插入关键帧，将"旋动"影片剪辑元件拖到编辑界面中，让这两帧中的图形相重合，在"按下"帧上插入关键帧，将第 1 帧中的"LOGO"图形对象复制到当前位置，在"点击"帧上插入关键帧，用【矩形工具】绘制一个与元件同等大小的矩形覆盖其上面。完成鼠标经过时"LOGO"图形转动，其他时候不动的动态按钮。返回"场景 1"，在"导航条"图层上新建一个名为"花"的图层，从库中将"花"按钮元件拖入到舞台，放在页面的左上方。LOGO 动态按钮的位置如图 8-38 所示。

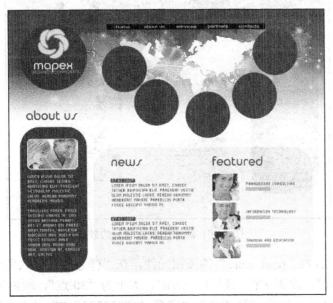

图 8-38　添加 LOGO 动态按钮后的效果

（8）新建一个名为"home 图案"的按钮，选中"弹起"帧，导入素材中"素材与实例→project08→素材→商务网站素材"目录下的"home.png"图片到舞台，设置图案的宽度和高度均为 250 像素。再将图案复制到"指针经过"和"按下"两帧上的相同位置，在"点击"帧上用【矩形工具】绘制一个与元件同等大小的矩形覆盖图案上面。再新建一个图层，在"指

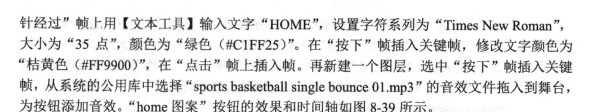

针经过"帧上用【文本工具】输入文字"HOME"，设置字符系列为"Times New Roman"，大小为"35 点"，颜色为"绿色（#C1FF25）"。在"按下"帧插入关键帧，修改文字颜色为"桔黄色（#FF9900）"，在"点击"帧上插入帧。再新建一个图层，选中"按下"帧插入关键帧，从系统的公用库中选择"sports basketball single bounce 01.mp3"的音效文件拖入到舞台，为按钮添加音效。"home 图案"按钮的效果和时间轴如图 8-39 所示。

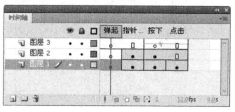

图 8-39　"home 图案"按钮效果和时间轴

（9）采用同样的方法，分别制作"about us 图案"、"services 图案"、"partners 图案"和"contacts 图案" 4 个按钮元件。返回"场景 1"，在"花"图层上新建一个名为"图案按钮"的图层，将 5 个图案按钮元件依次拖入舞台并排列在页面的上方 5 个圆形位置上，如图 8-40 所示。

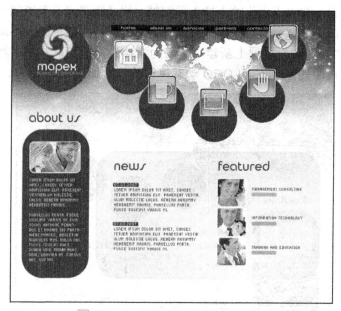

图 8-40　添加图案按钮后的效果

（10）新建一个名为"read more"的按钮元件，在"弹起"帧插入关键帧，用【文本工具】输入"read more"，设置字符系列为"Arial"，大小为"30 点"，颜色为"白色"。在"指针经过"帧插入关键帧，修改字符颜色为"灰色（#333333）"。在"点击"帧上插入空白关键帧，使用【矩形工具】在舞台上绘制一个与文字同等大小的矩形覆盖其上面。按钮的效果和时间轴如图 8-41 所示。注意，如果你的舞台背景色为白色，无法看出按钮效果，可以使用【修改】→【文档】命令将背景色改为与按钮底色相同的绿色。

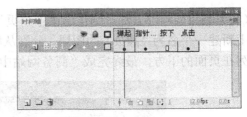

图 8-41 "read more"按钮效果和时间轴

（11）返回"场景 1"，新建一个名为"read more"的图层，从库中将"read more"按钮元件拖入舞台，并排列在页面正文上的绿色区域内。再复制出 2 个按钮元件，分别置于另外两个绿色区域中，如图 8-42 所示。

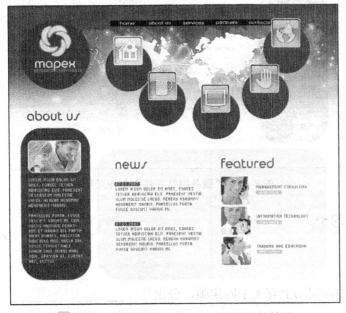

图 8-42 添加"read more"按钮后的效果

（12）新建一个名为"上一页"的按钮元件，在"弹起"帧导入素材中"素材与实例→project08→素材→商务网站素材"目录下的"back.png"图片到舞台，设置图片宽度和高度均为 48 像素。在"按下"帧插入关键帧，选中按钮图片将它转换为影片剪辑元件，然后在"属性"面板中为它添加模糊滤镜效果，模糊参数采用默认值。在"点击"帧上插入空白关键帧，使用【矩形工具】绘制一个与文字同等大小的矩形覆盖其上面。按钮效果和时间轴如图 8-43 所示。

图 8-43 "上一页"按钮效果和时间轴

（13）利用同样的方法，制作出"下一页"按钮元件。返回"场景1"，在"read more"图层上新建一个名为"翻页"的图层，分别从库中将"上一页"和"下一页"按钮拖入舞台，并排列在页面的下方，最终完成"商务网站中按钮"的制作，如图8-44所示。

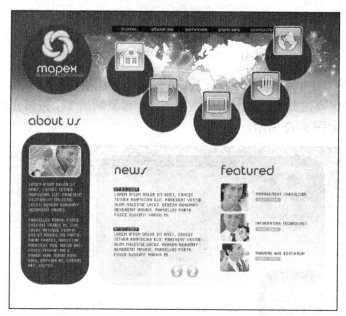

图8-44 "商务网站按钮"制作最终效果

 拓展与练习

一、填空题

1. 按钮元件的时间轴上有4个固定帧，分别是_____、_____、_____和_____三种。

2. 在按钮元件的帧上不能添加的是_____。

3. 按钮元件的时间轴中，决定按钮响应区域的是_____帧。

4. 组件实际上是一种特殊的_____元件。

5. 利用_____可以显示和设置所选组件的参数。

6. 利用_____组件可以创建让使用者在多项内容中选取其一的单选按钮。

二、拓展题

利用知识加油站中学习的组件知识制作一个用户注册的交互式页面。其参考步骤如下。

1. 新建一个名为"用户注册界面"的Flash文件，修改文档属性，宽度为900像素，高度为836像素。将默认图层重命名为"背景"，在第1帧中导入素材中"素材与实例→project08→素材"目录下的"新用户注册.jpg"图片，修改图片尺寸同样为900像素×836像素，覆盖在舞台上。

2. 在"背景"图层上再新建一个名为"组件"的图层，选择【窗口】→【组件】菜单命令打开"组件"面板，在"UserInterface"展开项中选择"TextInput"组件拖入舞台的"用户名"右侧位置。选择【窗口】→【组件检查器】命令打开"组件检查器"面板，设置文本框的 text 为空，maxchar 为 30。再打开"属性"面板，设置文本框对象的位置为 X:256，Y:150，宽度为 240，高度为 25。然后复制"TextInput"组件对象，分别粘贴在"用户名"、"密码"、"确认密码"、"E-Mail"、"手机号码"、"我的回答"文字的右侧，并调整它们的属性值。在"组件检查器"面板中将密码框和确认密码框的 displayAsPassword 参数值改为"true"，表示不显示密码内容。添加完文本框的效果如图 8-45 所示。

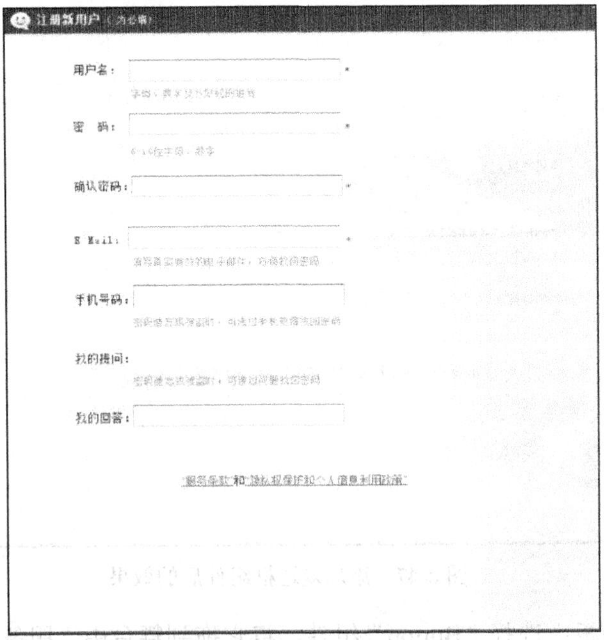

图 8-45　添加文本框组件后效果

3. 再将"ComboBox"组件拖入舞台，放在"我的提问"右侧。设置它的位置参数 X 为 260，Y 为 477，宽度为 230，高度为 27。在"组件检查器"面板中单击"参数"选项卡中的第一行"dataProvider"右侧的值区域出现一个"放大镜"图标，再次单击"放大镜"图标，弹出编辑窗口，单击【+】按钮，添加一个列表选项，输入"我母亲的名字"。再按照相同的方法依次添加"我父亲的生日"、"我的初中班主任名字"和"我最喜爱的电影"。然后回到"组件检查器"面板将 rowCount 参数设置为 3，默认显示 3 个选项。下拉列表框的添加效果和列表选项设置如图 8-46 所示。

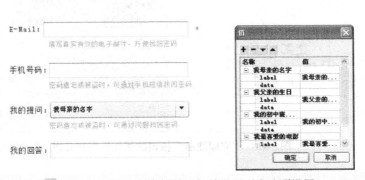

图 8-46　下拉列表框的添加效果和列表选项设置

4. 从"组件"面板中选择"CheckBox"组件，将它拖到舞台中"服务条款"左侧位置，在"组件检查器"面板中设置 lable 值为"我同意"。添加复选框组件的效果如图 8-47 所示。

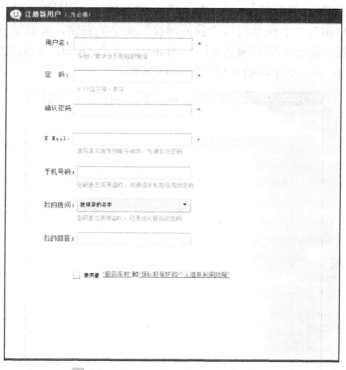

图 8-47　添加复选框组件后的效果

5. 从"组件"面板中选择"Button"组件，将它拖到舞台中"服务条款"下方，在"组件检查器"面板中设置 lable 值为"立即注册"。再打开"属性"面板，设置按钮的宽度为 70，高度为 30，样式中的色调为"红色"，显示中的混合方式为"正片叠底"。按钮效果和属性参数如图 8-48 所示。

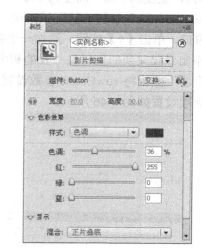

图 8-48　"立即注册"按钮的属性设置和效果

6. 按照相同的方法和参数再制作一个"取消"按钮。返回"场景 1",将两个按钮排列在注册界面的底部,然后测试影片,得到如图 8-49 所示的交互界面效果。

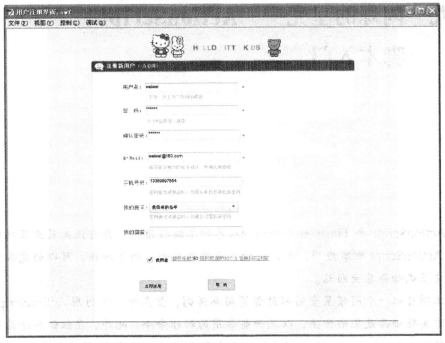

图 8-49　用户注册交互界面的最终效果

项目九 闪烁的星光——ActionScript 脚本入门

ActionScript 是 Flash 自带的一种动作脚本编程语言，具有强大的交互功能，通过 ActionScript 脚本应用，用户对动画元件的控制得到了加强，可以创建各种复杂的交互式动画甚至网站。

本项目以一个闪耀星空的网站首页动画为例，重点介绍了利用 ActionScript 脚本语言实现动画效果的方法，以及一些常用的动作命令。此外，在知识加油站里还介绍了导入 Flash 视频的方法以及利用脚本代码控制视频播放、暂停和停止的方法。

能力目标

◆ 掌握 ActionScript 的基本语法，能够进行简单的编程实现对动画的控制。

◆ 了解 ActionScript 脚本语言面向对象的编程方法，能够利用对象的属性和方法来实现一些简单的控制功能。

◆ 熟练掌握一些简单的、常用的 ActionScript 动作命令，能够利用这些命令执行各种控制操作。

任务一　认识 ActionScript 语言

一、ActionScript 简介

　　ActionScript 是 Flash 专用的编程语言，它提高了动画与用户之间的交互。在制作普通动画时，不需使用 ActionScript 脚本就能完成 Flash 动画制作，但是要提供与用户交互、使用户置于 Flash 对象之外的其他对象，如控制动画中的按钮、影片剪辑，则需要使用 ActionScript 脚本来进行控制。

　　ActionScript 最早的版本为 ActionScript 1.0，它主要应用在帧的导航和鼠标的交互方面。到 Flash MX 2004 时 ActionScript 升级到 2.0 版本，它带来了两大改进——与 JavaScript 相似的语法和面向对象的编程思想，自此，ActionScript 终于发展成为真正意义上的专业编程语言，使用它可以调试更大更复杂的程序。Flash CS4 中的 ActionScript 是最新的 3.0 版本。它与之前的版本有很大的不同，它采用了全新的虚拟机——AVM2。ActionScript 3.0 影片不能直接与 ActionScript 2.0/1.0 影片通信，而且它更增强了面向对象的编程方式，不再允许为按钮添加脚本，所有的脚本代码只能写在时间帧或单独的脚本文件中。为此，本书针对通用性更强、更简单易懂的 ActionScript 2.0 进行讲解，为读者介绍 ActionScript 脚本编程的方法。

二、ActionScript 基本语法

1. 数据类型

　　（1）Boolean（布尔值）类型。Boolean 只有两个值，即 true 和 false，它经常与逻辑运算符一起使用进行程序的判断，从而控制程序的流程。

　　（2）int（整数）数据类型。int 数据类型是介于 $-2^{31} \sim 2^{31}-1$ 的 32 位整数。

　　（3）null（空值）类型。null 表示空对象，即缺少数据的对象。

　　（4）Number（数字）数据类型。它包含的数据都是双精度浮点数。可以使用算术运算符加(+)、减(-)、乘(*)、除(/)、求模(%)、递增（++）和递减(--)来处理运算，也可以使用内置的 Math 对象的方法处理 Number 类型的浮点数。

　　（5）String（字符串）数据类型。String 字符串是如字母、数字和标点符号等字符的序列，一定要用双引号括起来。

　　（6）Object（对象）类型。对象是一些属性的集合，每个属性都有名称和值，属性的值可以是任何的 Flash 数据类型，也可以是对象数据类型，这样就可以将对象相互包含，或"嵌套"它们。要指定对象和它们的属性，可以使用点"."运算符。

2. 变量

　　变量在 ActionScript 中用于存储信息，声明变量时需要将 var 语句和变量名结合使用，而且可以为变量指定数据类型。变量是由变量名和变量值构成的，变量名用于区分变量的不同，变量值用于确定变量的类型和数值。在 Flash CS4 中变量的命名必须遵循下面的规则。

　　（1）变量名必须是一个标识符，标识符开头的第一个字符必须是字母，其后的字符可以

是数字、字母或下划线。

（2）变量的名称不能使用 ActionScript 的关键字或命令名称。

（3）变量的名称设置尽量使用具有一定含义的变量名。

（4）变量的名称区分大小写，如 Name 和 name 是两个不同的变量名称。

3．运算符与表达式

运算符指的是能够提供对常量和变量进行运算的符号。表达式是用运算符将常量、变量和函数以一定的运算规则组织在一起的式子。在 ActionScript 中有大量的运算符号，常见的有赋值运算符、算术运算符、关系运算符和逻辑运算符 4 种。

（1）赋值运算符。"="是最常用的赋值运算符，它可以将自身右侧的值赋给左侧的变量。赋值运算符还可与算术运算符结合使用，例如，"+="表示将右侧的值与左侧的变量相加后再赋值给左侧的变量。

（2）算术运算符。平时最常用的算术运算符为"+"、"-"、"*"、"/"、"%"、"++"和"--"，用来执行加法、减法、乘法、除法、取余、自加和自减运算。

（3）关系运算符。常用的关系运算符是大于">"、小于"<"、大于等于">="和小于等于"<="，在 ActionScript 中通常用关系运算符比较后返回的 Boolean 值为 if 语句或循环语句进行程序的判断和控制。

（4）逻辑运算符。逻辑运算符是用在逻辑类型的数据中间，也就是用于连接布尔变量。在 Flash 中提供的逻辑运算符有三种，逻辑与"&&"，逻辑或"||"和逻辑非"!"。

4．函数

函数简单地说就是一段代码，这段代码可以实现某一种特定的功能，并且将其使用特殊的方式定义、封装和命名。函数在程序中可以重复地使用，这样就可以大大减少代码的数量，增加效率，同时通过传递参数的方法，还可以让函数处理各个不同的数据，从而返回不同的值。

（1）定义函数。Flash 允许用户自己定义函数来满足程序设计的需要，同 Flash 提供的函数一样，自定义函数可以返回值、传递参数，也可以在定义函数后被任意调用。在 Flash CS4 中定义函数时，需要使用 Function 关键字来声明一个函数，具体语法如下：

function 函数名（参数，……）

例如：

```
function  add(x,  y)
{
Return x+y;
}
```

在上面的例子中定义了一个名称为 add 的函数，该函数有两个参数分别为 x 和 y，函数的功能用来将两个参数相加并将和返回。

（2）传递参数。参数是用于装载数据的代码，在函数中会将参数当作具体的值来执行，如下面的例子：

```
function set_mc(x,  y)
{
```

```
mc._ x = x ;
mc._ y = y;
}
```

在上面的例子中， mc 是一个影片剪辑的实例名称，set_mc 函数的功能是为 mc 对象的参数赋值，分别将 x 赋值给 mc 的_x 值（x 坐标），y 赋值给 mc 的_y 值（y 坐标），例如：

```
set (100, 500) ;
```

执行完函数后，mc 对象的 x 坐标为 100，y 坐标为 500，即 mc 对象在舞台的坐标为（100，500）。

（3）使用函数返回数值。在 Flash 中，如果想要让函数返回需要的数值，可以用 return 语句实现，如前面定义的 add 函数，可以按照下面的方法来返回一个值，例如：

```
sum = add (10, 20);
```

三、ActionScript 中的对象

1．对象

对象是 ActionScript 中一个非常重要的概念，它是将所有一类物品的相关信息组织起来，放在一个称作类(Class)的集合里，这些信息被称为属性（Properties），而对这些信息的处理被称为方法(Method)，然后为这个类创建实体(Instance)，这些实体就被称为对象(Object)。例如 Flash 中创建的影片剪辑实例就可以看作一个对象，影片剪辑的位置则可以看作对象的属性，而改变影片剪辑的方式则可看作对象的方法。

2．属性

属性是对象的基本特性，它表示某个对象中绑定在一起的若干数据中的一个，如影片剪辑的大小、位置、颜色等。对象的属性通用结构为：对象名称（变量名）. 属性名称。例如影片剪辑对象 mc 的 x 坐标为 mc._x，mc 的不透明度为 mc._alpha。

3．方法

方法是指可以由对象执行的操作。例如 Flash 中创建的影片剪辑元件，使用播放或停止命令控制影片剪辑的播放与停止，这个播放与停止就是对象的方法。对象的方法通用结构为：对象名称（变量名）. 方法名（）。对象的方法中的小括号用于指示对象执行的动作，可以将值或变量放入小括号中，这些值或变量称为方法的"参数"，如下面的语句：

```
mc gotoAndPlay (2) ;
```

影片剪辑对象 mc 执行 gotoAndPlay 方法，控制影片剪辑跳转并播放括号中指定的第 2 帧动画。

任务二 ActionScript 简单编程

一、"动作-帧" 面板

Flash 中 ActionScript 脚本可以在"动作-帧"面板中输入。通常有两种动作脚本编辑模式，

一种是通过"脚本助手"输入动作脚本，为初学者使用脚本编辑器提供了一个简单的、具有提示性和辅助性的友好界面；另外一种则是直接在"动作-帧"面板中输入脚本代码。"动作-帧"面板可以通过选择【窗口】→【动作】菜单命令或按【F9】快捷键打开，如图9-1所示。

图 9-1　"动作-帧"面板

1．动作工具箱：其中包含了 Flash 中所使用的所有 ActionScript 脚本语言，在此窗口中将不同的动作脚本分类存放，需要使用什么动作命令可以直接从此窗口中选择。

2．脚本导航器：此窗口中可以显示 Flash 中所有添加动作脚本的对象，而且还可以显示当前正在编辑的脚本的对象。

3．按钮区：提供了添加 ActionScript 脚本以及相关操作的按钮。

4．脚本编辑窗口：此窗口是编辑 ActionScript 动作脚本的场所，在其中可以直接输入 ActionScript 脚本代码，也可以通过选择动作工具箱中相应的动作脚本命令添加到此窗口中。

在编辑动作脚本时，如果熟悉 ActionScript 脚本语言，可以直接在脚编辑本窗口中输入动作脚本；如果对 ActionScript 脚本语言不是很熟悉，则可以单击【脚本助手】按钮，激活脚本助手模式，如图9-2所示。在脚本助手模式中，提供了对脚本参数的有效提示，可以帮助新手用户避免可能出现的语法和逻辑错误。

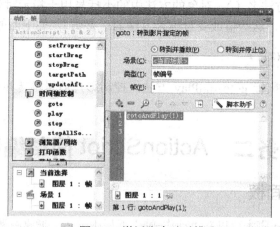

图 9-2　激活脚本助手模式

二、基本 ActionScript 动作命令

1．时间轴控制命令

如果在 Flash 动画中不设置任何 ActionScript 动作脚本，Flash 是从开始到结尾播放动画的每一帧。如果想自由地控制动画的播放、停止以及跳转，可以通过 ActionScript 动作脚本中的 play、stop、goto 等命令完成。

（1）gotoAndPlay()：选择此命令，表示跳到参数指定的帧并开始播放影片。

（2）gotoAndStop()：选择此命令，表示跳到参数指定的帧并停止在该帧。

（3）play()：选择此命令，可以播放动画或影片剪辑对象，此命令没有参数。

（4）stop()：此命令用于停止当前正在播放的影片或影片剪辑。

2．按钮常用控制命令

按钮是用于控制动画产生互动效果的常用元素。常用的按钮命令 on 是用于定义鼠标触发动作类型的命令，使用此命令的不同参数可以让按钮判断各种鼠标动作，以完成交互控制。

（1）press：通常单击鼠标动作分为两部分，即按下与释放鼠标。如果选择此选项，则当 Flash 检测到鼠标在按钮的响应区按下时，触发此命令后面定义的事件。

（2）release：当 Flash 检测到鼠标在按钮的响应区释放时，触发此命令后面定义的事件。

（3）rollOver：当鼠标经过按钮的响应区时，触发此命令后面定义的事件。

（4）rollOut：当鼠标从按钮的响应区移出时，触发此命令后面定义的事件。

3．影片剪辑控制命令

影片剪辑对象是 Flash 动画中最常用的一类对象，而用于此类对象之上的动作也是很常用的。

（1）onClipEvent：定义触发影片剪辑动作的事件类型。参数 enterFrame 定义触发事件为进入某一帧；参数 mouseMove 定义事件为移动鼠标；参数 mouseDown 定义触发事件为按下鼠标左键；参数 mouseUp 定义触发事件为释放鼠标左键。

（2）duplicateMovieClip：使用 duplicateMovieClip 命令可以复制指定的影片剪辑，第一个参数表示要复制的影片剪辑的路径，第二个参数为复制得到的新影片剪辑的名称，第三个参数为复制得到的新影片剪辑的层级。

（3）removeMovieClip：removeMovieClip 命令可以删除指定的影片剪辑。参数设置与 duplicateMovieClip 相同。

（4）setProperty：设置影片剪辑实例对象的属性值。第一个参数表示要指定的影片剪辑实例的名称，第二个参数表示要设置实例对象的属性，第三个参数表示要设置的属性值。

（5）getProperty：获取影片剪辑在屏幕中的属性值。第一个参数表示要获取参数的影片剪辑实例的名称，第二个参数表示获取的属性类型，返回值是对象指定属性的值。

（6）startDrag：此命令用来拖动场景中的影片剪辑，常常应用于一些鼠标特效。第一个参数表示要拖动的影片剪辑对象的路径，第二个参数指定是否将拖动的影片剪辑对象锁定在鼠标位置的中心，最后 4 个参数用来限制影片剪辑对象可拖动的区域。

（7）stepDrag：表示停止拖动影片剪辑对象。

4．超链接命令

在用 Flash 制作 web 网站时创建超链接是很重要的，而 ActionScript 中实现超链接的方法也很简单，只要一个 getURL()方法就可以。它的第一个参数表示要链接的网址、文件或

E-mail，第二个参数表示要链接的网页窗口打开的方式，主要有 4 种：_self 表示在当前浏览器打开链接；_blank 表示在新窗口打开网页；_parent 表示在当前位置的上一级浏览器窗口中打开链接；_top 表示在当前浏览器上方打开链接。

任务三　制作超链接按钮

一、新建 Flash 文件

新建一个名为"闪烁的星光"的 Flash（ActionScript 2.0)文件，选择【修改】→【文档】菜单命令，打开"文档属性"对话框，修改文档尺寸为宽度 640 像素，高度 320 像素，帧频为 30fps，单击【确定】按钮。如图 9-3 所示，

图 9-3　修改"文档属性"

二、制作背景动画

1. 导入背景图片

将默认图层重命名为"背景"，将素材中"素材与实例→project09→素材"目录下的"背景.png"图片导入到舞台。修改图片尺寸同样为 640 像素×320 像素，覆盖于舞台之上。在第 45 帧处插入帧来延长画面，如图 9-4 所示。

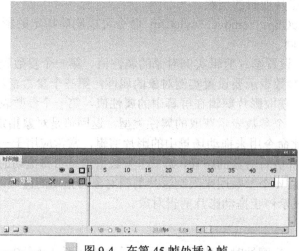

图 9-4　在第 45 帧处插入帧

2. 导入动画素材

新建一个名为"图案"的图层，选择【文件】→【导入】→【打开外部库】菜单命令，将素材中"素材与实例→project9→素材"目录下"动态素材.fla"库中名为"天空动画"的影片剪辑导入到当前文件的舞台中。设置它的位置为 X:465，Y:231，宽度为445，高度为303，按【Enter】键确认。如图9-5 所示。

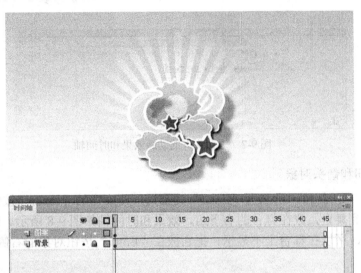

图 9-5　导入"天空动画"的影片剪辑

三、制作网页链接按钮

1. 创建按钮

新建一个名为"enter"的按钮元件，选中"弹起"帧，利用【文本工具】输入"Enter"，设置字符系列为"Adobe 黑体 Std"，大小为"48 点"，颜色为"青色（#009999）"。在"指针经过"帧上插入关键帧，修改文字颜色为"深绿色（#006600）"。在"点击"帧处插入关键帧，使用【矩形工具】绘制一个与文字轮廓同样大小的无边框矩形，覆盖住文字。按钮的效果和时间轴如图9-6 所示。

图 9-6　按钮效果和时间轴

2. 创建箭头影片剪辑

新建一个名为"箭头"的影片剪辑元件，在第 3 帧上插入关键帧，使用【线条工具】绘制一个"青色（#009999）"无边线的三角形。在第 6 帧上插入关键帧，再复制一个三角形置于其右侧，在第 9 帧上插入关键帧，复制第二个三角形置于其右侧，然后复制第 6 帧到第 12 帧上，复制第 3 帧到第 15 帧上，最后在第 17 帧处插入帧来延长画面。"箭头"的动画效果和时间轴如图 9-7 所示。

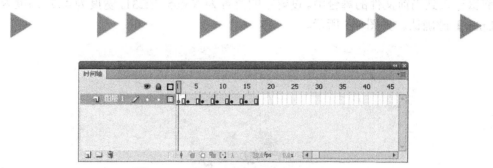

图 9-7　　"箭头"的动画效果和时间轴

3．添加按钮和箭头对象

返回"场景 1"，新建一个名为"Enter"的图层，将库中的"Enter"按钮和"箭头"影片剪辑元件拖入到舞台，放在舞台的右下角，效果和时间轴如图 9-8 所示。因为"箭头"的第 1 帧是空白的，所以在舞台上不显示，把它放在"Enter"按钮对象的右侧即可。

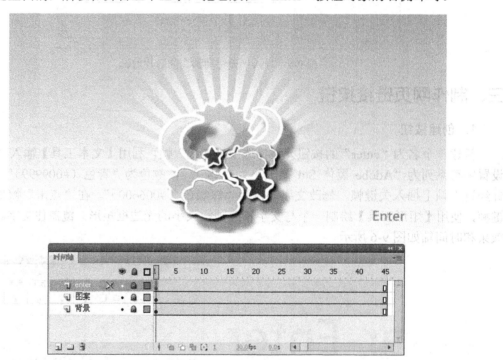

图 9-8　　"Enter"图层效果和时间轴

4．添加按钮脚本代码

选择"Enter"图层第 1 帧中的 Enter 按钮对象，右击，在弹出的快捷菜单中执行【动作】命令，在"脚本"面板中单击【脚本助手】按钮打开脚本助手，在动作工具箱中选择 on 方法，然后在脚本助手中勾选"按下"选项，在编辑窗口中会自动添加 on（press）方法函数，在{}中添加超链接函数 getURL，链接网页为"http://www.flash88.net"，打开方式为"_blank"，表示在新窗口中打开网页。具体的脚本代码如图 9-9 所示。

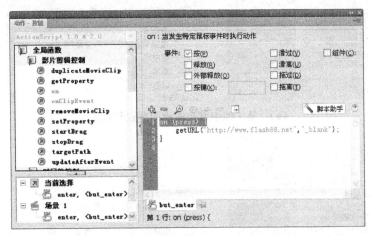

图 9-9　具体的脚本代码

任务四　制作星星闪烁效果

一、制作星星图层

1. 制作星光元件

新建一个名为"星光"的影片剪辑元件，利用【线条工具】绘制一个"白色（#FFFFFF）"的四角形形状并删除外轮廓线。由于背景色是白色的，为了显示出白色星星图形，可以将背景色改为灰色，图形形状如图 9-10 所示。

2. 制作星星元件

再新建一个名为"星星"的影片剪辑元件，将库中的"星光"元件拖入舞台中，在"属性"面板中为它添加发光滤镜效果，在第 5 帧上插入关键帧，修改发光滤镜的参数。最后创建第 1～5 帧之间的传统补间动画。发光滤镜的参数、效果和时间轴如图 9-11 所示。其中发光色为"橙色（#FFCC00）"。

图 9-10　绘制星星图案

（a） 第1帧中发光滤镜的参数和效果

（b）第5帧中发光滤镜的参数和效果

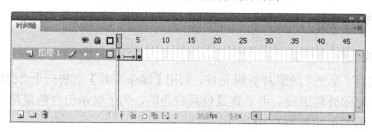

（c）"星星"的动画时间轴

图9-11　发光滤镜的参数、效果和时间轴

3．制作星星闪烁元件

新建一个名为"星星闪烁"的影片剪辑元件，将库中的"星星"元件拖入到舞台中，设置它的 Alpha 值为 0%，在第 20 帧上插入关键帧，修改 Alpha 值为 100%。最后创建第 1～20 帧之间的传统补间动画。动画效果和时间轴如图 9-12 所示。

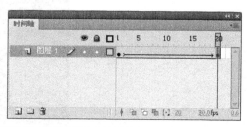

图9-12　"星星闪烁"的动画效果和时间轴

4．添加一个星星闪烁的对象

返回"场景 1"，在"enter"图层上新建一个名为"星星"的图层，将库中的"星星闪烁"元件拖入到舞台，放在左上角。选中实例对象，打开"属性"面板，将实例对象命名为"star"，设置它的 Alpha 值为 0%。再将第 2 帧之后的其余帧都删掉。对象"属性"面板和"星星"图层的时间轴如图 9-13 所示。

图 9-13　对象"属性"面板和"星星"图层的时间轴

二、添加背景音乐

新建一个名为"音乐"的图层，将素材中"素材与实例→project09→素材"目录下的"Close To You.mp3"文件导入到库。然后在"音乐"图层第 1 帧的"属性"面板中，加入"Close To You.mp3"文件，同步方式改为"开始"。帧"属性"面板和时间轴如图 9-14 所示。

图 9-14　帧"属性"面板和"音乐"图层的时间轴

三、添加繁星闪烁动作脚本

在"音乐"上新建一个名为"as"的图层，在第 1 帧中插入关键帧，右击，在弹出的快捷菜单中执行【动作】命令，在"脚本编辑窗口"中输入控制代码。第 1 帧中的脚本代码如图 9-15 所示。

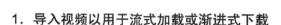

1. 导入视频以用于流式加载或渐进式下载

在"导入视频"对话框中选择"使用回放组件加载外部视频"，单击【下一步】按钮打开"外观"对话框，如图 9-18 所示，用于设置导入视频剪辑的外观。导入后舞台中的播放器效果如图 9-19 所示。

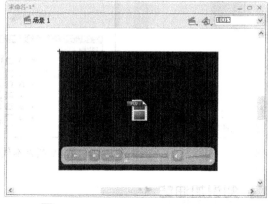

图 9-18　"导入视频"的"外观"对话框　　　　图 9-19　舞台中的视频播放器效果

2. 在 SWF 文件中嵌入视频

在"导入视频"对话框中选择"在 SWF 中嵌入 FLV 并在时间轴中播放"，单击【下一步】按钮，会打开"嵌入"对话框，如图 9-20 所示。

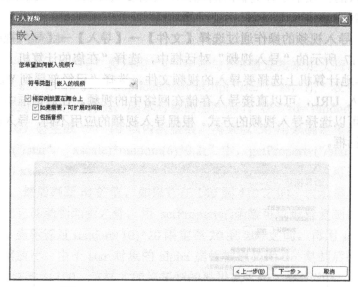

图 9-20　"导入视频"的"嵌入"对话框

（1）符号类型：单击下拉列表可以选择导入视频的类型，嵌入的视频、影片剪辑和图形，分别表示导入的视频以独立的视频形式存在，还是影片剪辑或图形元件的形式存在。

（2）将实例放置在舞台：勾选该项会在导入视频的同时，在舞台中创建一个视频的实例，反之只将视频导入到库中。

（3）如果需要，可扩展时间轴：勾选该项，在导入视频的同时，会根据导入视频的帧数设置相应的时间轴帧。

（4）包括音频：勾选该项可以在导入视频时连同音频一起导入。

导入视频后，视频在舞台中的效果如图 9-21 所示。

将视频导入到 Flash 后，可以通过"库"面板对导入的视频进行设置，也可以通过"属性"面板进行设置。如果当前导入的视频是嵌入的视频文件，那么在"库"面板中选择需要进行设置的视频，右击，在弹出的快捷菜单中选择【属性】命令，可弹出"视频属性"对话框，如图 9-22 所示。

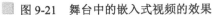

图 9-21　舞台中的嵌入式视频的效果

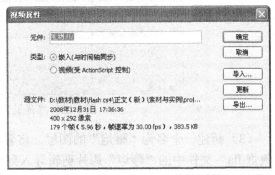

图 9-22　视频属性设置

在"元件"文本框中可以设置导入视频的名称。"类型"用于设置是嵌入动画中与时间轴同步，还是独立存在可以受脚本控制。"源文件"用于显示导入视频的信息，包括名称、路径、创建日期、像素尺寸、长度和文件大小等。【导入】按钮用于重新导入.flv 格式的文件来替换当前的视频。【更新】按钮用于在外部视频发生变化后对其进行更新。【导出】按钮可以将视频再导出为独立的.flv 文件。

此外，在舞台中创建了视频的实例后，还可以通过"属性"面板对实例对象进行编辑，设置它的位置和高度等属性。

 实训演练 ◀·

利用前面学习过的"动作-帧"面板知识和脚本编程知识制作一个以庆祝新年为主题的网站首页动画。其参考步骤如下。

（1）新建一个名为"恭喜发财"的 Flash（ActionScript 2.0)文件，设置文档尺寸，宽度为 600 像素，高度为 450 像素，帧频为 24fps。

（2）将默认图层重命名为"背景"，将素材中"素材与实例→project09→素材"目录下的"新年快乐.jpg"图片导入到舞台。设置它的属性参数同样为宽度 600 像素，高度 450 像素，并覆盖舞台，在第 70 帧处插入帧来延长画面，图层效果和时间轴如图 9-23 所示。

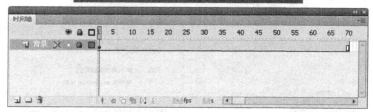

图 9-23　"背景"图层的效果和时间轴

　　（3）新建一个名为"鞭炮"的图层，将素材中"素材与实例→project09→素材"目录下"鞭炮.fla"文件中的"鞭炮"影片剪辑导入到库，并生成两个实例对象分别放在舞台的左、右两侧，图层效果和时间轴如图 9-24 所示。

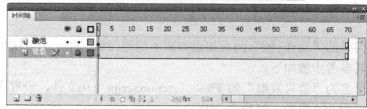

图 9-24　"鞭炮"图层效果和时间轴

　　（4）创建一个名为"霓虹"的影片剪辑元件，在第 1 帧中使用【文本工具】输入"ENTER"，设置字符系列为"Arial"，样式为"Regular"，大小为"30 点"，选中该文本，右击，在弹出的快捷菜单中执行【分离】命令使文字分开。依次设置每个字母的颜色，第一个"E"为"红色（#CC0000）"，"N"为"橙色（#FF9900）"，"T"为"黄色（#FFFF00）"，第二个"E"为绿色（#669900），"R"为青色（#006666）。文字效果如图 9-25 所示。

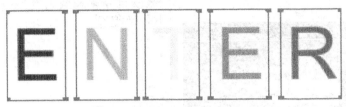

■ 图 9-25　第 1 帧的文字效果

（5）在第 3 帧上插入关键帧，依次修改每个字母的颜色，第一个"E"为"橙色（#FF9900）"，"N"为"黄色（#FFFF00）"，"T"为"绿色（#669900）"，第二个"E"为"青色（#006666）"，"R"为"蓝色（#0099CC）"。在第 5 帧上插入关键帧，依次修改每个字母的颜色，第一个"E"为"黄色（#FFFF00）"，"N"为"绿色（#669900）"，"T"为"青色（#006666）"，第二个"E"为"蓝色（#0099CC）"，"R"为"紫色（#6565FF）"。然后依次在第 7、9、11、13 帧处插入关键帧，用前面定义的几种颜色，分别修改每一帧中每个字母的颜色，制作出文字的霓虹效果，如图 9-26 所示。

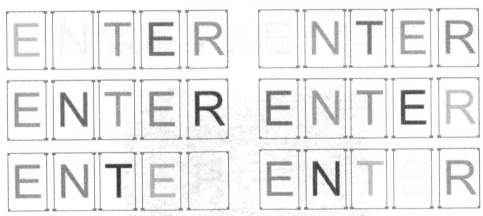

■ 图 9-26　第 3、5、7、9、11、13 帧的文字效果

（6）创建一个名为"enter"的按钮元件，选中"弹起"帧，将库中的"霓虹"元件拖入舞台，再在"点击"帧上插入关键帧，绘制一个无边框矩形覆盖住文字。返回"场景 1"，在"鞭炮"图层上新建一个名为"按钮"的图层，将库中的"enter"按钮元件拖入到舞台。将它放在"福字"的正上方。再选中按钮对象，右击，在弹出的快捷菜单中执行【动作】命令，输入网页链接的脚本代码，图层效果、脚本代码和时间轴为如图 9-27 所示。注意网址链接可以换成其他任意链接。

（7）新建一个名为"元宝"的图层，将素材中"素材与实例→project09→素材"目录下"元宝.fla"中的"元宝"动画影片剪辑元件导入到当前库中，并生成一个实例对象放在舞台上方显示区外，将对象命名为"yb"。制作一个元宝从舞台上方掉落的动画效果，元宝的位置和时间轴如图 9-28 所示。

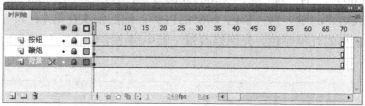

图 9-27　"按钮"图层效果、脚本代码和时间轴

图 9-28　"元宝"的位置和时间轴

（8）再新建一个名为"音乐"的图层，将素材中"素材与实例→project09→素材"目录下的"恭喜发财.mp3"音乐文件导入到库。然后打开"音乐"图层中第 1 帧的"属性"面板，设置声音名称为"恭喜发财.mp3"，"同步"方式为"开始"。"音乐"图层的帧属性和时间轴如图 9-29 所示。

图 9-29　"音乐"图层的帧属性和时间轴

（9）最后再新建一个名为"as"的图层用来添加脚本代码。选中第 1 帧，加入脚本代码用来复制多个元宝对象，用来形成多个元宝同时从舞台上方掉落的动画效果。脚本代码含义参考注释。最后再在第 70 帧上添加脚本代码，返回第 1 帧循环播放动画。第 1 和 70 帧的脚本代码和时间轴如图 9-30 所示。

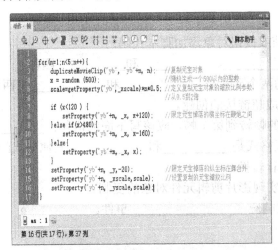

图 9-30　"as"图层第 1 帧和 70 帧的脚本代码和时间轴

（10）最后测试影片，得到如图 9-31 所示的恭贺新年、天降元宝的动画效果。

二维动画设计软件应用（Flash CS4）

图9-31　动画最终效果

拓展与练习◆·

一、填空题

1．在_____面板中可以为帧或按钮对象添加脚本代码。

2．运算符分为_____、_____、_____和_____四种。

3．ActionScript 中对象最基本的两个元素是_____和_____两种。

4．使用_____方法可以完成超链接的创建。

5．要想在时间轴中将当前播放的帧转到第 1 帧，应该写下面的语句：_____。

6．能直接导入 Flash CS4 的视频格式是_____和_____，其他格式的视频需要先使用 Adobe Media Encoder 组件进行转换。

7．_____命令用于实现影片剪辑元件对象的复制。

8．鼠标的 on(rollOver)命令用来响应_____事件。

二、拓展题

利用前面学习过的导入视频的方法、制作按钮的方法来制作一个视频播放器，并编写代码用来实现三个按钮的控制功能。其参考步骤如下。

1．新建一个名为"视频播放按钮"的 Flash（ActionScript 2.0）文件，修改文档属性，宽度为 400 像素，高度为 333 像素，帧频为 24fps。

2．将默认图层重命名为"背景"，将素材中"素材与实例→project09→素材"目录下的"背景.jpg"图片导入到舞台。设置它的宽度为 400 像素，高度为 333 像素，并覆盖舞台。在第 179 帧处插入帧来延长画面。图层效果如图 9-32 所示。

图 9-32 "背景"图层效果

3．在"背景"图层上新建一个名为"花环"的图层，将素材中"素材与实例→project09→素材"目录下的"花环.jpg"图片导入到舞台。设置它的位置参数 X 为 52.3，Y 为 6.4，宽度为 300，高度为 302，花环效果如图 9-33 所示。

图 9-33 花环效果

4．在"花环"图层上新建一个名为"视频"的图层，选择【文件】→【导入】→【导入视频】菜单命令，将素材中"素材与实例→project09→素材"目录下的"礼物.flv"视频导入。它的导入方式为"在 SWF 中嵌入 FLV 并在时间轴中播放"，其他参数使用默认值。视频导入到舞台后，打开"属性"面板，设置它的名字为"礼物"，位置参数 X 为 55，Y 为 43，宽度为 300，高度为 219，能覆盖住花环中间部分。如图 9-34 所示。

图 9-34　导入的视频效果

5. 在"视频"图层上新建一个名为"遮罩"的图层并隐藏"视频"图层，使用【椭圆工具】在舞台中按照花环中间的圆形大小绘制一个正圆，正好覆盖住花环中间的白色部分，再将它转换为遮罩层，让"视频"图层作为被遮罩层。遮罩效果和时间轴如图 9-35 所示。

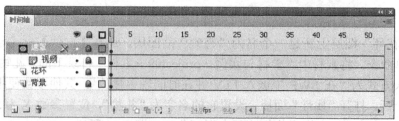

图 9-35　遮罩效果和时间轴

6. 在"遮罩"图层上新建一个名为"按钮"的图层，选择【窗口】→【公用库】→【按钮】菜单命令，在库中选择"playback flat"文件夹中的"flat blue play"、"flat blue pause"、"flat blue stop" 3 个按钮，拖入到舞台中。修改按钮上的填充颜色，制作出与花环和背景搭配协调的控制按钮，按钮效果和时间轴如图 9-36 所示。

图 9-36　控制按钮效果和时间轴

7．返回"场景 1"，将 3 个控制按钮添加到"按钮"图层，放在花环的下方，如图 9-37 所示。

图 9-37　3 个控制按钮的位置

8．新建一个名为"as"的图层，在第 1 帧上插入关键帧，添加代码"stop();"用来停止礼物视频的播放。"as"图层第 1 帧代码和时间轴如图 9-38 所示。

9．为 3 个控制按钮添加脚本代码，来控制视频的播放、暂停和停止，如图 9-39 所示。

图 9-38　"as"图层第 1 帧代码和时间轴

图 9-39　视频控制按钮的脚本代码

项目十　快乐的生日——电子贺卡的制作

　　本实例以生日贺卡为主题，通过色彩鲜明的背景、艳丽的气球、彩旗、蜡烛和蝴蝶结等基本素材，加上诙谐幽默的卡通形象和调皮欢快的生日快乐歌，烘托出贺卡轻松、活泼的主题风格。采用淡入淡出和遮罩两种动画形式的转场，再配上气球升空、文字旋转、蝴蝶结等动画，整个动画显得更加丰富多彩、愉悦人心。

任务一　制作背景与气球动画

一、新建 Flash 文件

新建一个名为"生日快乐"的 Flash（ActionScript 2.0)文件，选择【修改】→【文档】菜单命令设置"文档属性"。如图 10-1 所示，设置文档宽度为 400 像素，高度为 300 像素，帧频 12fps（每秒钟播放 12 帧，放慢动画速度），单击【确定】按钮。

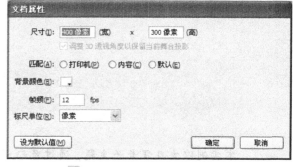

图 10-1　设置"文档属性"

二、制作开场背景动画

1. 导入背景 1 图片

将默认图层重命名为"背景 1"，选择
【文件】→【导入】→【导入到舞台】菜单命令，将素材中"素材与实例→project10→素材"目录下的"背景 1.jpg"图片素材导入到舞台中。修改图片尺寸同样为 400 像素×300 像素，并利用【对齐工具】相对于舞台对齐。选中舞台中的图片素材右击，在弹出的快捷菜单中执行【转换为元件】命令，将图片转换为图形元件，命名为"背景 1"，如图 10-2 所示。

图 10-2　导入背景 1 素材

2. 制作背景消失动画

选中"背景 1"图层，在第 30 和 70 帧处插入关键帧，在第 70 帧中选择"背景 1"元件，打开"属性"面板，将【色彩效果】→【样式】下的 Alpha 值设为 0%，然后在第 30～70 帧之间创建传统补间，如图 10-3 所示。

图 10-3 制作"背景1"的消失动画

二、制作气球飞升动画

1. 制作一个气球升空的动画

新建一个名为"紫气球"的影片剪辑元件,进入编辑界面中,从素材中"素材与实例→project10→素材"目录下将"紫气球.png"图片导入到舞台,并将它转换为图形元件。选中该图层右击,在弹出的快捷菜单中执行【添加传统运动引导层】命令建立一个引导层。在引导层的第1帧上,使用【铅笔工具】绘制一条曲线作为气球升空的运动轨迹,再在引导层的第50帧处插入帧。然后返回"图层1"的第1帧并插入关键帧,将紫气球的中心移至曲线的末端,再在"图层1"的第50帧处将紫气球的中心移至曲线的顶端,最后在第1~50帧之间创建传统补间,生成一个紫气球按曲线路径升空的引导层动画。第1和50帧气球在路径两端的位置及动画时间轴如图10-4所示。

2. 制作其他气球升空的动画

按照紫气球引导层动画的制作方法,再分别制作出红、橙、绿、粉、粉红和粉紫其他6种颜色气球的引导层动画,如图10-5所示。

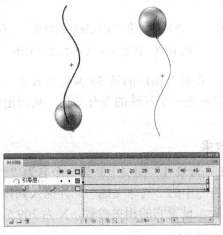

图 10-4 第1和50帧气球在路径两端位置及时间轴

图 10-5　其他 6 种气球的引导层动画

3．制作气球飞扬影片剪辑元件

（1）新建一个名为"气球飞扬"的影片剪辑元件，进入编辑界面中，选中"图层 1"的第 1 帧，将库中的 7 个气球元件依次拖入舞台中，可以利用【修改】→【变形】→【水平翻转】菜单命令修改任意一个的气球运动方向。根据个人喜好调整气球元件的排列位置和运动方向，得到如图 10-6 所示的一组气球。

图 10-6　第一组气球的排列位置

（2）在"图层 1"上新建 3 个图层，按照第一组气球的制作方式，分别制作其他 3 组气球，如图 10-7 所示。气球的排列要错落有致，气球飞升的方向也要交叉，制作出比较自然的效果。

（a）添加第二组气球后的效果　　（b）添加第三组气球后的效果　　（c）添加第四组气球后的效果

图 10-7　其他 3 组气球的添加效果

（3）分别选中 4 个图层，在每个图层的第 50 帧处插入帧，延长气球的显示时间，这样就可以在这 50 帧的时间内完成每一个气球的飞升动画，从而出现所有气球一同向上飞扬的效果。

4．制作气球淡入淡出效果

（1）返回"场景 1"，在"背景 1"图层上新建一个名为"气球飞扬"的图层。在第 30 帧处插入空白关键帧，然后将库中的"气球飞扬"元件拖入到舞台中。选中"气球飞扬"元件的实例，打开"属性"面板，设置它的相关参数，X 为 209.5，Y 为 220，　宽度为 660.5，高度为 437.6，Alpha 为 0%。

（2）在第40帧处插入关键帧，修改"气球飞扬"元件实例的相关属性参数，X为209.5，Y为165，Alpha为100%，然后在第30～40帧之间创建传统补间，完成气球淡入效果的制作，如图10-8所示。

图10-8　第30～40帧间的气球淡入效果

（3）在第75帧处插入关键帧，再在第80帧处插入关键帧，将第80帧中元件实例属性中的Alpha值改为0%。然后在第75～80帧之间创建传统补间，实现气球淡出效果，如图10-9所示。

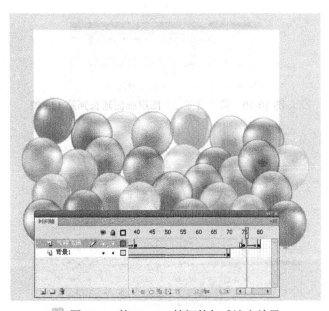

图10-9　第75～80帧间的气球淡出效果

任务二　制作生日蛋糕动画

一、导入背景2图片

在"背景1"图层下新建一个名为"背景2"的图层，将素材中"素材与实例→project10→素材"目录下的"背景2.jpg"图片素材导入到舞台，图片尺寸同样改为400像素×300像素，并将它转换为"背景2"图形元件。在"背景2"图层的第145帧处插入帧以延长画面，如图10-10所示。

二、创建生日蛋糕图形元件

新建一个名为"生日蛋糕"的图形元件，在编辑界面中，将素材中"素材与实例→project10→素材"目录下的"生日蛋糕.png"图片素材导入到舞台。在第20帧处插入关键帧，利用【任意变形工具】将蛋糕向左旋转。再在第25帧处插入关键帧，用【任意变形工具】将蛋糕向右旋转。然后复制第20帧分别到第30、40、50、60帧处，复制第25帧分别到第35、45、55帧处，完成蛋糕的摆动效果。蛋糕在第20和25帧处的左、右旋转位置和动画时间轴如图10-11所示。

图 10-10　将"背景2"图层画面延长到第145帧

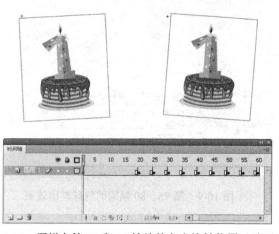

图 10-11　蛋糕在第20和25帧处的左右旋转位置及动画时间轴

三、完成生日蛋糕动画效果

返回"场景1"，在"背景2"图层上新建一个名为"生日蛋糕"的图层。在第85帧处插入空白关键帧，将库中的"生日蛋糕"元件拖入到舞台中。设置其元件实例的属性参数，X为135.8，y为-153.2，宽度为151.3，高度为175.4。在第100帧处插入关键帧，修改其属性值，X为135.8，Y为107.8，然后在第85~100帧之间创建传统补间，最后在第145帧处插入帧，将生日蛋糕动画延长至第145帧，完成生日蛋糕从舞台上方落下并左右摆动的动画效果以及时间轴，如图10-12所示。

图10-12 蛋糕在"场景1"中的动画效果以及时间轴

四、制作遮罩动画效果

1．新建遮罩图层

在"生日蛋糕"图层上新建一个名为"遮罩"的图层，在第135帧处插入空白关键帧。选择【椭圆工具】，在舞台上绘制一个椭圆形（颜色随意，遮罩后可自动忽略），并将其转化为图形元件，设置它的属性值：X为0，Y为0，宽度为400，高度为300。

2．制作"遮罩"图层上的动画

在"遮罩"图层第150帧处插入关键帧，选中"椭圆"图形元件，修改其属性值：X为185，Y为140，宽度为29，高度为20。然后在第135~150帧之间创建传统补间，实现椭圆由外到内缩小的动画效果。第135、145和150帧的动画效果以及时间轴如图10-13所示。

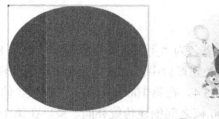

图 10-13　第 135、145 和 150 帧的动画效果以及时间轴

3. 制作遮罩效果

选中"遮罩"图层，右击，在弹出的快捷菜单中执行【遮罩层】命令将其转换为遮罩层，然后拖动"背景 2"图层置于遮罩范围内，将其转换为被遮罩层，并将该图层锁定，完成"背景 2"和"生日蛋糕"的遮罩效果，第 135 和 145 帧的遮罩效果以及时间轴如图 10-14 所示。

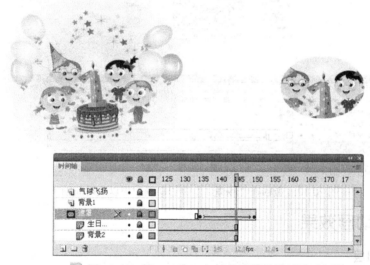

图 10-14　第 135 和 145 帧的遮罩效果以及时间轴

任务三　制作文字动画

一、制作背景 3 淡入效果

在"遮罩"图层上新建一个名为"背景 3"的图层，并在第 145 帧处插入空白关键帧，使用【矩形工具】绘制一个 400 像素×300 像素大小，颜色为"粉色（#FF9999）"的无边框矩形。将其转换为图形元件，在"属性"面板中将 Alpha 值设置为 0%。然后在第 155 帧处

插入关键帧，修改矩形元件的属性，将 Alpha 值设为 100%，并在第 145~155 帧之间创建传统补间，最后在第 335 帧处插入帧来延长画面，完成"背景 3"图层的淡入显示效果，实现场景画面的自然过渡。第 145、150 和 160 帧的动画效果以及时间轴如图 10-15 所示。

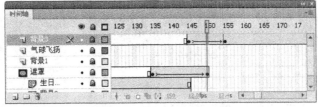

图 10-15　第 145、150 和 160 帧的动画效果以及时间轴

二、制作彩旗落下效果

在"背景 3"图层上新建一个名为"彩旗"的图层，在第 150 帧处插入空白关键帧，将素材中"素材与实例→project10→素材"目录下的"彩旗.png"图片素材导入到舞台，将其转换为图形元件，设置其属性参数 X 为 0，Y 为 -100，宽度为 400，高度为 100。在第 160 帧处插入关键帧，修改属性参数 X 为 0，Y 为 0。然后在第 150~160 帧之间创建传统补间，第 150、155 和 160 帧的动画效果以及时间轴如图 10-16 所示。

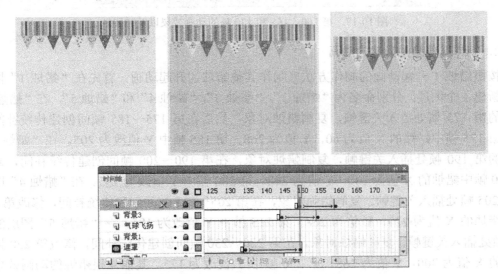

图 10-16　第 150、155 和 160 帧的动画效果以及时间轴

三、制作蜡烛出现效果

1. 制作蜡烛 1 的升起动画

在"彩旗"图层上新建一个名为"蜡烛"的文件夹，并在文件夹下新建一个名为"蜡烛1"的图层。在第 160 帧处插入空白关键帧，将素材中"素材与实例→project10→素材"目录下的"蜡烛.png"图片素材导入到舞台，将其转换为图形元件。设置蜡烛的属性值：X 为 -20，Y 为 268，宽度为 113，高度为 151。在第 170 帧处插入关键帧，将蜡烛的 Y 坐标改为 215。然后在第 160～170 帧之间创建传统补间，实现蜡烛从底端升起的动画效果。第 160、165 和 170 帧的动画效果以及时间轴如图 10-17 所示。

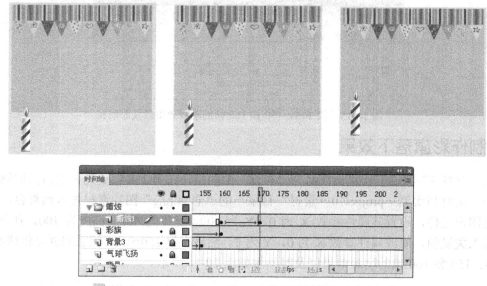

图 10-17　第 160、165 和 170 帧的动画效果以及时间轴

2. 制作其他蜡烛升起的动画

按照蜡烛 1 升起动画的制作方法来制作其他蜡烛的升起动画。首先在"蜡烛 1"图层上再新建 4 个图层，分别命名为"蜡烛 2"，"蜡烛 3"，"蜡烛 4"和"蜡烛 5"。在"蜡烛 2"图层的第 175 帧处插入关键帧，复制蜡烛对象，然后在第 175～185 帧间创建传统补间，修改第 175 帧中蜡烛的 X 值为 60，Y 值为 268。第 185 帧中 Y 值改为 205。在"蜡烛 3"图层的第 190 帧处插入关键帧，复制蜡烛对象，在第 190～200 帧间创建传统补间，修改第 190 帧中蜡烛的 X 值为 140，Y 值为 268。第 200 帧中 Y 值改为 195。在"蜡烛 4"图层的第 205 帧处插入关键帧，复制蜡烛对象，在第 205～215 帧间创建传统补间，修改第 205 帧中蜡烛的 X 值为 220，Y 值为 268。第 215 帧中 Y 值改为 185。在"蜡烛 5"图层的第 220 帧处插入关键帧，复制蜡烛对象，在第 220～230 帧间创建传统补间，修改第 220 帧中蜡烛的 X 值为 300，Y 值为 268。第 230 帧中 Y 值改为 175。其他 4 根蜡烛的动画效果及时间轴如图 10-18 所示。

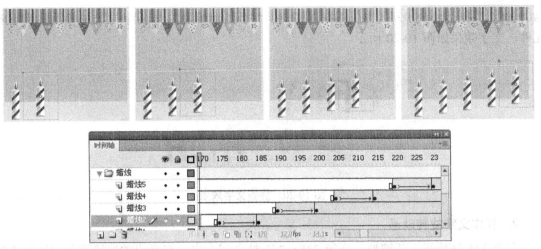

图 10-18　其他 4 根蜡烛的动画效果及时间轴

3．制作蜡烛的淡出动画

在 5 个蜡烛图层的第 230、270 和 285 帧处分别插入关键帧，然后将每个图层第 285 帧中蜡烛的 Alpha 属性值改为 0%。并在第 270～第 285 帧之间创建传统补间，再删除 285 帧之后的全部多余帧，从而实现 5 根蜡烛一起逐渐消失的动画效果，如图 10-19 所示。

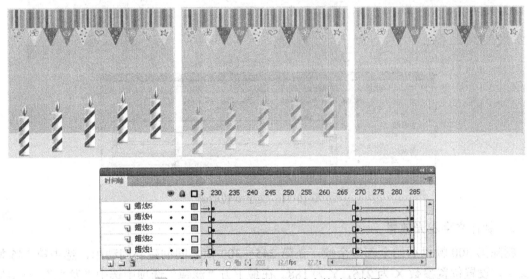

图 10-19　5 根蜡烛逐渐消失的动画效果

四、制作文字动态效果

1．建立文字影片剪辑

在"蜡烛"文件夹上新建一个名为"英文"的图层，在第 235 帧处插入空白关键帧，利用【文本工具】在舞台输入文字"HAPPY　BIRTHDAY"。打开文本的"属性"面板设置相关参数，在字符选项中设置系列为"Electric Dysentery"，样式为"Regular"，大小为"29 点"。然后为每个字母设置颜色，依次为"#00FFFF"、"#9965FF"、"#0000CC"、"#007E6F"、"#803000"、"#00CC99"、"#0099CC"、"#FF6532"、"#00FFFF"、"#006666"、"#994349"、

"#0000CC"和"#009999"（也可根据喜好变换任意其他颜色）。最后将文本转换为影片剪辑元件，文字效果如图10-20所示。

图10-20　静态文字效果

2．制作文字旋转动画

在第245帧处插入关键帧，在第235～245帧之间右击，在弹出的快捷菜单中执行【创建补间动画】命令，为影片剪辑创建一个补间动画。然后打开"属性"面板，在"旋转"选项中将方向设置为"顺时针"，其他使用默认参数。然后在第235帧处选中文字，设置其属性参数X为212.4，Y为168.4，宽度为130，高度为45，Alpha为0%。再修改第244帧中文字的属性参数Alpha为100%，效果如图10-21所示。

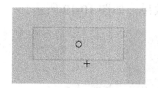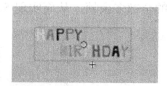

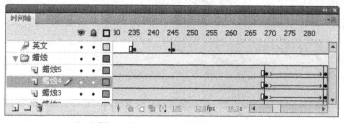

图10-21　文字旋转动画

3．制作文字发光效果

删除第300帧以后的全部多余帧，在第245～300帧之间创建补间动画，选中第245帧的文字，设置位置参数X为215，Y为188。在最下方"滤镜"选项中选中"发光"，给字体添加发光效果，参数使用默认值，如图10-22所示。

4．制作文字摆动效果

在第255帧处选中文字，用【任意变形工具】向左旋转，再在第260帧处，用【任意变形工具】将文字向右旋转。同样第265帧处的文字也向左旋转，第270帧处的文字向右旋转，第275帧文字回到原位，完成发光文字的摆动效果，如图10-23所示。

图 10-22　文字发光效果及滤镜设置

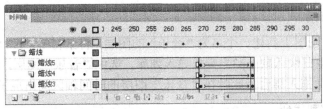

图 10-23　发光文字的摆动效果及时间轴

五、制作蝴蝶结动画特效

1. 制作蝴蝶结 1 右移动画

在"英文"图层上新建一个名为"蝴蝶结 1"的图层，在第 260 帧处插入空白关键帧，将素材中"素材与实例→project10→素材"目录下的"蝴蝶结 1.png"图片素材导入到舞台，将其转换为图形元件。第 260 帧处蝴蝶结 1 的属性参数 X 为-255，Y 为 16，宽度为 500，高度为 300。在第 300 帧处插入关键帧，修改属性参数 X 为-50，然后在第 260～300 帧之间创建传统补间。

2. 制作蝴蝶结 2 左移动画

在"蝴蝶结 1"图层上新建一个名为"蝴蝶结 2"的图层，在第 260 帧处插入空白关键帧，将素材中"素材与实例→project10→素材"目录下的"蝴蝶结 2.png"图片素材导入到舞台，并将其转换为图形元件。第 260 帧处蝴蝶结 2 的属性参数 X 为 145，Y 为 16，宽度为 500，高度为 300。在第 300 帧处插入关键帧，修改属性参数 X 为-50，在第 260～300 帧之间创建传统补间。蝴蝶结合并的动画过程以及时间轴如图 10-24 所示。

图 10-24　蝴蝶结合并动画过程以及时间轴

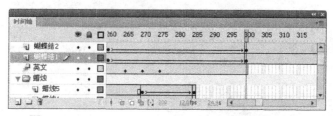

■ 图 10-24　蝴蝶结合并动画过程以及时间轴（续）

任务四　添加背景音乐和重播按钮

一、添加背景音乐

1．导入背景音乐

在"蝴蝶结 2"图层上新建一个名为"音乐"的图层，将素材中"素材与实例→project10 →素材"目录下"生日快乐歌.mp3"音乐导入到库。选中"音乐"图层，将库中的"生日快乐歌.mp3"音乐文件拖入舞台，此时在"音乐"图层的时间轴区间出现了浅紫色的声波。

2．添加音乐控制代码

选中"音乐"图层的第 335 帧，右击，在弹出的快捷菜单中执行【转换为空白关键帧】命令，将该帧变为空白帧，再右击，在弹出的快捷菜单中执行【动作】命令，进入"脚本语言编辑"界面，输入"stop()；"脚本代码，如图 10-25 所示。

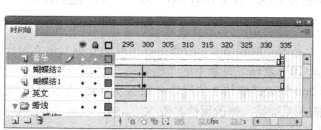

■ 图 10-25　音乐图层的时间轴与第 335 帧处的动作脚本

二、制作重播动态按钮

1．制作弹起帧

新建一个名为"重播"的按钮元件，选中"弹起"帧，使用【文本工具】输入文字"replay"，在"属性"面板中如图 10-26 所示设置文本的相关参数，以及给文字添加的滤镜参数，其中文字颜色为"白色"，发光颜色为"橙色（##FF9900）"。

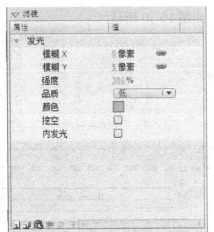
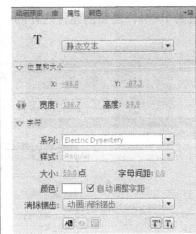

图 10-26　文字效果及文本相关参数

2. 制作"指针经过"帧

在"指针经过"帧上插入关键帧，修改文字颜色为"灰色（#666666）"，文本效果如图 10-27 所示。

3. 制作"按下"帧

在"按下"帧上插入关键帧，修改文字的滤镜参数，参数设置和文字效果如图 10-28 所示。

图 10-27　"指针经过"帧中的文本效果　　　　图 10-28　滤镜修数设置及文字效果

4. 制作"点击"帧

在"点击"帧上插入空白关键帧，使用【矩形工具】绘制一个与文字一样大小的矩形，正好盖住文字，如图 10-29 所示。

图 10-29　绘制矩形

三、制作按钮淡入效果

返回"场景 1"，在"蝴蝶结 2"图层上新建一个名为"按钮"的图层，在第 310 帧处插入空白关键帧，将库中的"重播"按钮元件拖入舞台，设置属性参数 X 为 365，Y 为 305，宽度为 64，高度为 36，Alpha 值为 0%。在第 320 帧处插入关键帧，修改按钮的 Alpha 属性值为100%，然后创建传统补间，如图10-30所示。

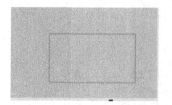

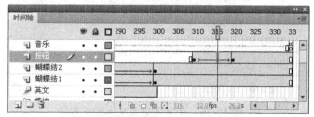

图 10-30　按钮淡入动画效果和时间轴

四、添加按钮脚本代码

将"按钮"图层的第335帧转换为关键帧，选中"重播"按钮对象，右击，在弹出的快捷菜单中执行【动作】命令，进入"脚本语言编辑"界面，输入如图10-31所示代码。其中，on（release）表示按钮松开时响应该事件；stopAllSounds()命令用于控制停止所有声音，gotoAndPlay(1)用于指定跳转到第1帧去执行。这样就实现了按下"重播"按钮，停止未播放完的音乐，并跳转到第1帧重新播放动画。

图 10-31　按钮的动作脚本

 实训演练 ◀·

设计一个母亲节贺卡，利用蝴蝶轻舞、蒲公英飘散、星星闪落等动画，以及图片的淡入淡出转换方式，并配以清雅的文字，体现母亲节温馨、感恩的主题，具体操作步骤如下。

（1）新建一个名为"母亲节贺卡.fla"的文件，设置文档尺寸，宽度为400像素，高度为300像素，帧频为12fps。

（2）将默认图层重命名为"图片1"，将素材中"素材与实例→project10→素材→实战素材"目录下的"背景1.jpg"图片导入到舞台并转换为图形元件。设置属性参数X为260，Y为112.4，宽度为646，高度为523。在第55帧处插入关键帧，修改参数X为180，Y为112.4，并创建传统补间。在第115和150帧处插入关键帧，并修改第150帧中图片的属性参数，X为220，Y为112.3，宽度为536，高度为434，并创建传统补间。在第160帧处插入关键帧，并将图片的Alpha值改为0%，再创建第150～160帧间的传统补间动画，"图片1"图层的图片和动画时间轴如图10-32所示。

（3）新建一个名为"图片2"的图层，在第139帧处插入关键帧，将素材中"素材与实例→project10→素材→实战素材"目录下的"背景2.jpg"图片导入到舞台并转换为图形元件。设置属性参数X为200，Y为150，宽度为450，高度为350，Alpha为0%。在第160帧处插入关键帧，将图片的Alpha属性改为100%，然后创建传统补间。在第290帧插入一个普通帧以延长画面，"图片2"的图片和动画时间轴如图10-33所示。

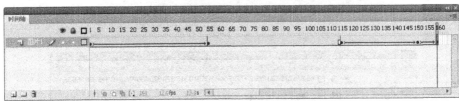

图10-32　"图片1"图层的图片和动画时间轴

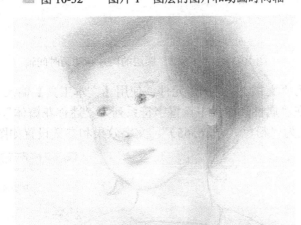

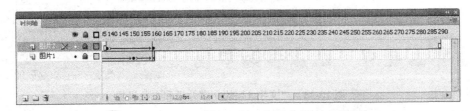

图10-33　"图片2"图层的图片和动画时间轴

（4）新建一个名为"图片3"的图层，在第270帧处插入关键帧，将素材中"素材与实例→project10→素材→实战素材"目录下的"背景3.jpg"图片导入到舞台并转换为图形元件。设置属性参数X为200，Y为150，宽度为510，高度为400，Alpha为0%。在第290帧处插入关键帧，将图片的Alpha属性改为100%，然后创建传统补间。再在第340帧插入一个关键帧，修改属性参数宽度为450，高度为350，并创建第270～290帧间的传统补间动画。最后在第810帧处插入普通帧以延长画面，"图片3"图层的图片和动画时间轴如图10-34所示。

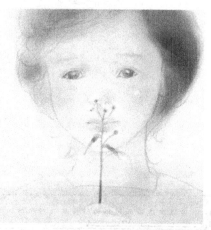

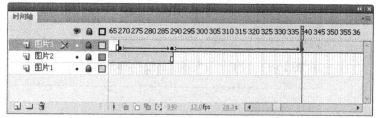

图10-34　"图片3"图层的图片和动画时间轴

（5）新建一个名为"文字1"的图形元件，使用【文本工具】输入"世界上只有一位最好的女性"的文字。在"属性"面板中设置字符系列为"迷你花瓣体"，样式为"Regular"，大小为"30点"，颜色为"粉色（#FF6565）"。文字效果和参数设置如图10-35所示。

图10-35　"文字1"的文字效果和参数设置

（6）再新建 4 个图形元件，分别命名为"文字 2"、"文字 3"、"文字 4"、"文字 5"，采用与"文字 1"相同的参数设置，用【文本工具】分别输入文字"她便是慈爱的母亲"、"世界上只有一种最美丽的声音"、"那便是母亲的呼唤"、"慈母手中线游子身上衣在这样的日子里您该歇歇了"。各元件的文字效果如图 10-36 所示。

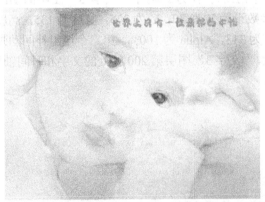

（a）"文字 2"的效果　　（b）"文字 3"的效果　　（c）"文字 4"的效果　　（d）"文字 5"的效果

图 10-36　各元件的文字效果

（7）返回"场景 1"，在"图片 3"图层上新建 5 个图层分别命名为"文字 1"、"文字 2"、"文字 3"、"文字 4"和"文字 5"。在"文字 1"图层的第 55 帧处插入关键帧，将库中的"文字 1"元件拖入舞台，设置属性参数 X 为 308，Y 为 110，宽度为 200，高度为 20，Alpha 为 0%。在第 80 帧处插入关键帧，修改属性参数 X 为 278，Alpha 为 100%，并在第 55～80 帧之间创建传统补间，实现文字的移动和淡入动画效果。在第 125 和 140 帧处插入关键帧，修改第 140 帧中文字的 Alpha 值为 0%，并创建第 125～140 帧间的传统补间动画，实现文字的淡出效果，最后删掉 140 帧以后多余的帧，"文字 1"图层的文字和动画时间轴如图 10-37 所示。

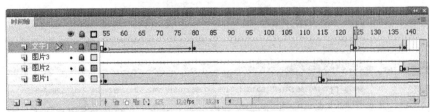

图 10-37　"文字 1"图层第 125 帧处的文字和时间轴

（8）在"文字 2"图层的第 75 帧中拖入"文字 2"元件，设置属性参数 X 为 315，Y 为 110，宽度为 135，高度为 20，Alpha 为 0%。在第 95 帧处插入关键帧，修改属性参数 X 为 281，Alpha 为 100%，并在第 75～95 帧之间创建传统补间。再按照"文字 1"图层的方式，制作"文字 2"图层第 125～140 帧的文字淡出效果，最后删掉 140 帧以后多余的帧，"文字 2"图层的文字和动画时间轴如图 10-38 所示。

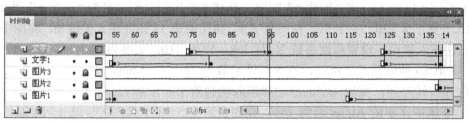

图 10-38　"文字 2"图层第 95 帧处的文字和时间轴

（9）按照"文字 1"图层的制作方式制作"文字 3"图层的动画，第一个补间动画是第 160～200 帧。第 160 帧参数设置 X 为 30，Y 为 375，宽度为 135，高度为 45，Alpha 为 0%。第 200 帧处修改属性参数 Y 为 313，Alpha 为 100%。第二个淡出补间动画是第 250～270 帧，最后删掉 270 帧以后多余的帧，"文字 3"图层第 200 帧处的文字和时间轴如图 10-39 所示。

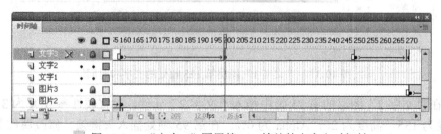

图 10-39　"文字 3"图层第 200 帧处的文字和时间轴

（10）制作"文字 4"图层的动画，第一个补间动画是第 200～230 帧。第 200 帧参数设置 X 为 330，Y 为 265，宽度为 120，高度为 40，Alpha 为 0%。在第 230 帧处修改属性参数 Y 为 344，Alpha 为 100%。第二个淡出补间动画是第 250～270 帧，最后删掉 270 帧以后多余的帧，"文字 4"图层的文字和动画时间轴如图 10-40 所示。

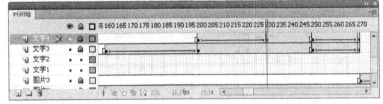

图 10-40 "文字 4"图层的文字和动画时间轴

（11）制作"文字 5"图层的动画，第一个补间动画是第 280～295 帧。第 280 帧参数设置 X 为 0，Y 为 237，宽度为 150，高度为 120，Alpha 为 0%。第 295 帧处修改属性参数 Alpha 为 100%。第二个淡出补间动画是第 310～340 帧，最后删掉 340 帧以后多余的帧，"文字 5"图层的文字和动画时间轴如图 10-41 所示。

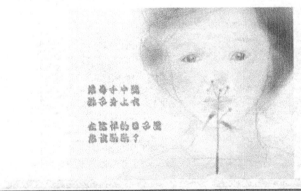

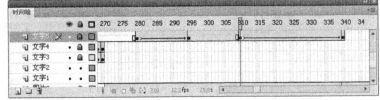

图 10-41 "文字 5"图层的文字和动画时间轴

（12）新建一个名为"星光"的影片剪辑元件，将素材中"素材与实例→project10→素材→实战素材"目录下的"星光.png"图片导入到元件中，在第 30 帧处插入关键帧以延长画面。在星光所在图层上添加引导层，利用【铅笔工具】绘制一条曲线作为运动路径，然后将第 1 帧中的星光中心移至曲线的首端，将第 30 帧处的星光移到曲线底端，并将 30 帧处的星光的 Alpha 值设为 0%，在第 1～30 帧之间创建一个传统补间动画，实现星光沿曲线路径移动并逐渐消失的效果，如图 10-42 所示。

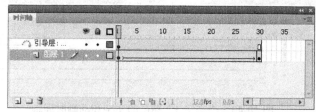

图 10-42　星光的引导层动画

（13）新建一个名为"星光灿烂"的影片剪辑元件，将库中的"星光"元件拖入舞台中，并在不同的位置上复制出多个星光元件的实例对象，为了使画面更加生动，利用【任意变形工具】改变每个元件的大小和 Alpha 值，然后在第 60 帧处插入帧以延长画面，最终效果如图 10-43 所示。

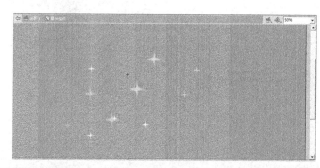

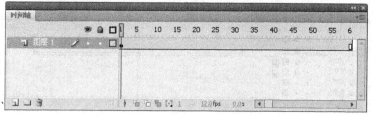

图 10-43　星光灿烂的效果

（14）在"文字 5"图层上新建一个名为"星光"的图层，在第 30 帧处插入关键帧，将库中的"星光灿烂"元件拖入舞台中，设置属性参数 X 为 116，Y 为 72，宽度为 300，高度为 205。然后在第 115 帧处插入帧以延长画面。再选中第 89～99 帧之间的 10 帧，右击，在弹出的快捷菜单中执行【清除帧】操作清除这 10 帧的内容，最后再删掉 115 帧以后多余的帧，完成"星光"图层的制作，如图 10-44 所示。

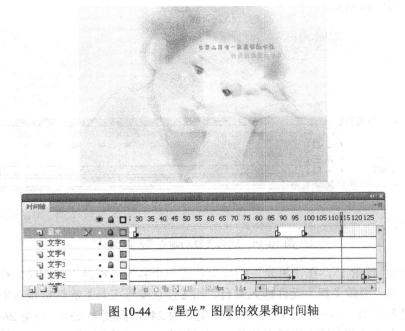

图 10-44　　"星光"图层的效果和时间轴

（15）新建一个名为"蝴蝶"的影片剪辑元件，将素材中"素材与实例→project10→素材→蝴蝶素材"目录下的所有蝴蝶图片导入到舞台，自动生成一个蝴蝶扇动翅膀的逐帧动画，效果和时间轴如图 10-45 所示。

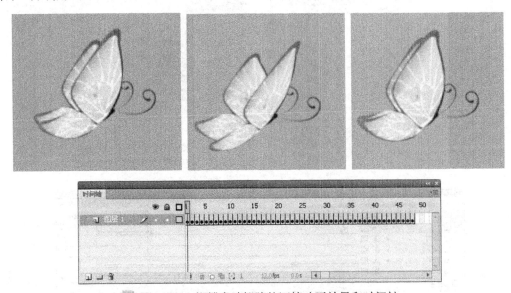

图 10-45　蝴蝶扇动翅膀的逐帧动画效果和时间轴

（16）新建一个名为"蝴蝶飞舞"的影片剪辑元件，并建立两个图层，在"图层 1"中拖入"蝴蝶"元件，在"图层 2"中拖入"星光灿烂"元件，使用【任意变形工具】分别调整它们的大小、位置及方向，再在引导层中绘制一条曲线作为蝴蝶飞行的路径，然后在 3 个图层的第 60 帧插入关键帧，并为"图层 1"和"图层 2"创建传统补间，使第 1 帧中的蝴蝶和星光在路径左端，第 60 帧中它们移到路径右端，完成闪烁着星光的蝴蝶沿路径飞舞的动画效果，如图 10-46 所示。

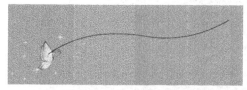
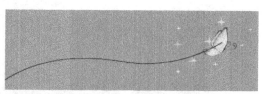
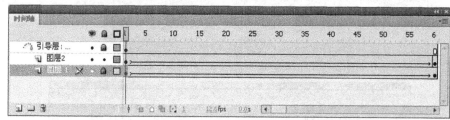

图 10-46　蝴蝶飞舞动画效果和时间轴

（17）返回"场景 1"，在"星光"图层上新建一个名为"蝴蝶"的图层，在第 220 帧处插入关键帧，将"蝴蝶飞舞"元件拖入舞台，用【任意变形工具】旋转蝴蝶对象至合适的角度，设置属性参数 X 为 162.5，Y 为-297.6，宽度为 248，高度为 236。在第 260～270 帧处插入关键帧，修改第 270 帧中蝴蝶对象的 Alpha 值为 0%，并创建第 260～270 帧间的传统补间动画，删掉第 270 帧以后多余的帧，实现蝴蝶的淡出效果。如图 10-47 所示。

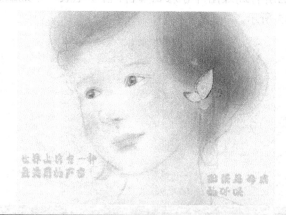
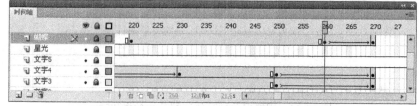

图 10-47　"蝴蝶"图层的动画效果和时间轴

（18）新建一个名为"飞舞"的影片剪辑元件，选择【修改】→【文档】→【背景颜色】菜单命令，将背景色改为"灰色（#666666）"。再将素材中"素材与实例→project07→素材→实战素材"目录下的"蒲公英.png"图片导入到舞台，并转换为图形元件。在"图层1"上添加一个引导层，并绘制一条曲线作为运动路径。将第1帧中的蒲公英移至曲线的底端，在第45帧处插入关键帧，将蒲公英移到距曲线顶端100像素处，创建一个传统补间动画。在第60帧处插入一个关键帧，将蒲公英移至曲线顶端，修改Alpha的值为0%，再创建第45～60帧的传统补间动画，实现蒲公英沿路径飘动并逐渐消失的动画效果，如图10-48所示。

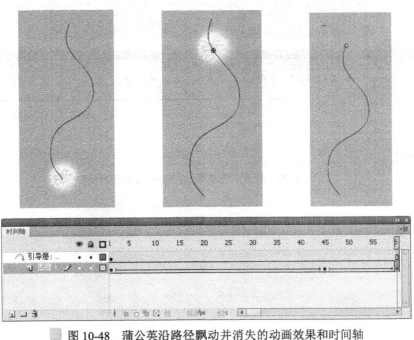

图10-48　蒲公英沿路径飘动并消失的动画效果和时间轴

（19）新建一个名为"漫天飞舞"的影片剪辑元件，将"飞舞"元件拖入舞台中，并在不同的位置上复制出个多个飞舞的实例对象，为了使画面更加生动，用【任意变形工具】改变各个对象的大小，并调整各个对象的Alpha值，再在第60帧处插入帧以延长画面，形成多个蒲公英飞舞飘散的动画效果，如图10-49所示。

（20）在"蝴蝶"图层上新建一个名为"蒲公英"的图层，在第330帧处插入关键帧，将"漫天飞舞"元件拖入舞台，设置属性X为91，Y为200.9，宽度为469，高度为314.3。在第810帧处插入帧以延长画面。如图10-50所示。

（21）在"蒲公英"图层上新建一个名为"音乐"的图层，将素材中"素材与实例→project10→素材→实战素材"目录下的"母亲节贺卡.mp3"音乐文件导入到库。然后选中"音乐"图层，将库中的"母亲节贺卡.mp3"文件拖入舞台，在"音乐"图层的时间轴区间出现了浅紫色的声波。将第810帧转换为空白关键帧，右击，在弹出的快捷菜单中执行【动作】命令，加入"stop()；"脚本命令控制音乐停止，如图10-51所示。

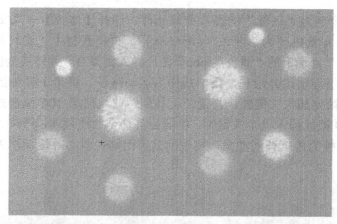

图 10-49 蒲公英飞舞飘散的动画效果和时间轴

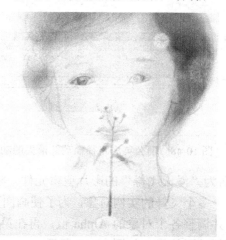

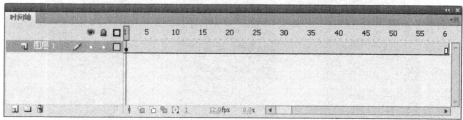

图 10-50 "蒲公英"图层的动画效果

（22）新建一个名为"重播"的按钮元件，将素材中"素材与实例→project10→素材→实战素材"目录下的"按钮.png"图片导入到舞台。在"点击"帧上插入空白关键帧，用【矩形工具】绘制一个与按钮图片一样大小的矩形，"弹起"与"点击"帧的效果如图 10-52

所示。

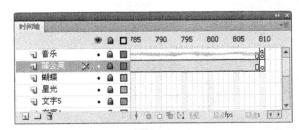

图 10-51　"音乐"图层脚本及时间轴

图 10-52　"弹起"和"点击"帧的效果

（23）新建一个图层，在"弹起"帧上使用【文本工具】输入文字"replay"，属性参数如图 10-53 所示。在"图层 2"的"按下"帧上插入关键帧，将文本的颜色改为"灰色（#333333）"，如图 10-54 所示。

（24）在"蒲公英"图层上新建一个名为"按钮"的图层，在第 340 帧处插入关键帧，将"重播"按钮拖入舞台，设置属性参数 X 为 28，Y 为 290，宽度为 153，高度为 81，Alpha 为 0%。在第 360 帧处插入关键帧，修改按钮属性参数，宽度为 300，高度为 150，Alpha 为 100%。然后创建传统补间，如图 10-55 所示。

图 10-53　文字属性参数设置

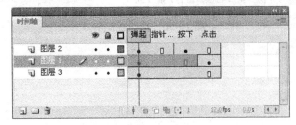

图 10-54　按钮按下前后效果及时间轴

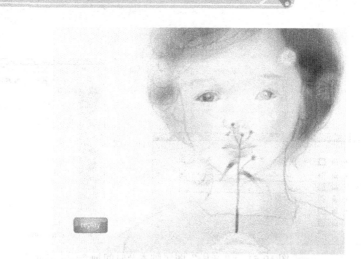

图 10-55　"按钮"图层动画及时间轴

（25）在"按钮"图层的第 810 帧处选择按钮对象，右击，在弹出的快捷菜单中执行
【动作】命令，进入"脚本语言编辑"界面，输入如图 10-56 所示代码，用于实现动画的重
播功能。

图 10-56　按钮控制脚本

项目十一 阳光小宝贝——电子相册的制作

　　本实例以活泼可爱的宝宝电子相册为主题，分为3个场景来诠释。色彩鲜明的背景配以漂亮的卡通按钮，再加上诙谐欢快的洗澡泡泡歌曲，突出了整套相册阳光、活泼的主题风格。相册主要通过按钮跳转来控制转场，各个场景内再配上气泡升空、蜗牛爬行、遮罩相框等动画，使整个相册控制更加灵活，形式更加多变。

任务一　制作相册封面

一、新建 Flash 文件

新建一个名为"阳光宝贝"的 Flash（ActionScript 2.0)文件，选择【修改】→【文档】菜单命令，修改文档尺寸。设置文档宽度为 600 像素，高度为 450 像素，帧频为 12fps，如图 11-1 所示。

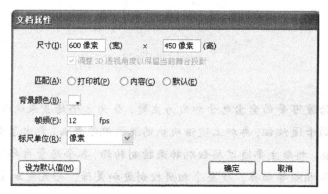

图 11-1　修改文档属性

二、制作开场背景动画

1．创建背景影片剪辑元件

（1）创建一个名为"背景 1"的影片剪辑元件，将素材中"素材与实例→project11→素材→阳光小宝贝"目录下的"背景 1.jpg"图片导入到舞台，并转换为元件。修改图片属性，高度为 300，宽度为 400，X 为 200，Y 为 150。在"图层 1"上新建"图层 2"，复制"图层 1"中的元件实例到舞台，修改属性参数 X 为 200，Y 为-150，高度为 300，宽度为 400，与"图层 1"的背景图片首尾相接。

（2）在"图层 1"的第 80 帧处插入关键帧，修改图片位置参数 X 为 200，Y 为 297，并创建传统补间。再选中"图层 2"，在第 80 帧处插入关键帧，修改图片位置参数 X 为 200，Y 为 0，并创建传统补间，制作背景图片向下滚动的动画效果，如图 11-2 所示。

2．导入背景动画

返回"场景 1"，将默认图层重命名为"背景"并在第 43 帧处插入帧。选中第 1 帧，将库中的"背景 1"元件拖入舞台中，修改元件属性，X 为-300，Y 为-225，宽度为 600，高度为 900。

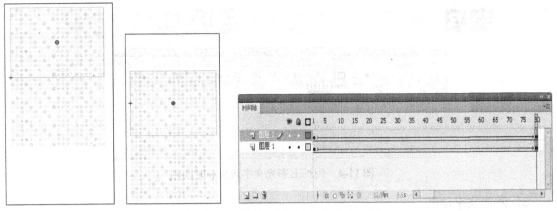

图 11-2 "背景 1"滚动效果和时间轴

三、制作封面文字

1. 制作文字效果

新建一个名为"封面文字"的图层，使用【文本工具】输入文字"阳光"和"相册"。在"属性"面板中设置字符系列为"华康海报体 W12"，样式为"Regular"，大小为"61 点"，颜色为"粉色（#F069A6）"，并为文字添加投影滤镜。"阳光"两字的位置为 X:350，Y:115。"相册"两字的位置为 X:380，Y:250。文字的效果及位置如图 11-3 所示。

图 11-3 文字效果和位置

2. 制作闪烁七彩光的文字动画

新建一个名为"宝贝"的影片剪辑，使用【文本工具】输入文字"宝贝"。在"属性"面板中设置字符系列为"华康海报体 W12"，样式为"Regular"，大小为"44 点"，颜色为"红色（#CC0000）"。在第 2 帧处插入关键帧，修改文字颜色为"橙色（#FF9900）"。按照同样的方法，依次在第 3、4、5、6、7 帧修改文字颜色为"黄色（#FFCC00）"、"绿色（#669900）"、"青色（#006666）"、"蓝色（#3265FF）"、"紫色（#6633CC）"。制作出文字闪烁七彩光的文字效果，如图 11-4 所示。

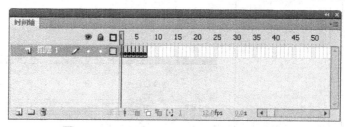

图 11-4　闪烁七彩光文字效果和时间轴

3．添加文字动画

返回"场景 1"的"封面文字"图层，将库中的"宝贝"元件拖入到舞台，修改位置属性为 X:400，Y:310，添加投影滤镜，参数默认，并将画面延长到第 43 帧，如图 11-5 所示。

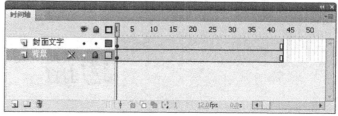

图 11-5　"封面文字"图层效果和时间轴

四、制作封面按钮

1．创建按钮元件

（1）创建一个名为"快乐的精灵"按钮元件，选中"弹起"帧，导入素材中"素材与实例→project11→素材→阳光小宝贝"目录下的"按钮 1.png"图片到舞台，缩小图片大小，再使用【文本工具】输入文字"快乐の精灵"置于图片中间，在"属性"面板中设置字符系列为"华康海报体 W12"，样式为"Regular"，大小为"22 点"，颜色为"白色（#FFFFFF）"。在"指针经过"帧上插入关键帧，修改文字颜色为"红色（#CC0000）"，如图 11-6 所示。

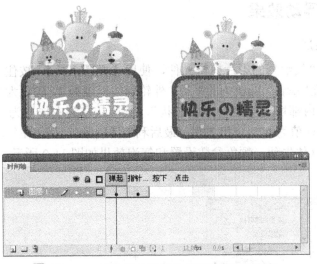

图 11-6　"快乐的精灵"按钮效果和时间轴

（2）按照上面介绍的制作按钮的方法，再制作两个按钮元件，分别为"天真的畅想"和"活泼的律动"。"活泼的律动"仍用"按钮 1"的图片作为背景，而"天真的畅想"使用同目录下的"按钮 2.png"图片作为背景，按钮效果如图 11-7 所示。

图 11-7　其他两个按钮的效果

2．添加按钮元件

返回"场景 1"，在"封面文字"图层上新建一个名为"封面按钮"的图层。将库中的三个按钮元件拖入舞台并分别设置属性参数。"快乐的精灵"按钮实例的属性参数为宽度：164，高度：164，x：122，y：107。"天真的畅想"按钮实例的属性参数为宽度：164，高度：164，x：224，y：117。"活泼的律动"按钮实例的属性参数为宽度：164，高度：164，x：102，y：248。再将画面延长到第 43 帧，图层效果和时间轴如图 11-8 所示。

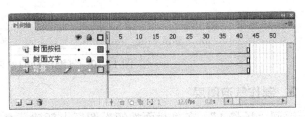

图 11-8　"封面按钮"图层效果和时间轴

四、制作气泡浮动效果

1. 绘制气泡图形

创建一个名为"气泡"的影片剪辑元件，使用【椭圆工具】，按住【Shift】键在舞台上绘制一个正圆。设置"颜色"面板中的参数，外轮廓线笔触为 2，颜色为"粉色（#E3B7B7）"，Alpha 值为 65%。内部填充类型为"放射状"，颜色从左到右依次为"白色"和"浅粉色（#FFCCCC）"，Alpha 值为 47%，和 72%。最后利用【刷子工具】，在气泡上画上白色的高光效果，使气泡更加立体生动。颜色参数设置和气泡效果如图 11-9 所示。

图 11-9　颜色参数设置和气泡的效果

2. 制作气泡浮动影片剪辑

创建一个名为"气泡浮动"的影片剪辑元件，将库中的"气泡"元件拖入舞台中，并复制若干个气泡随便排列，利用【任意变形工具】调整每个气泡的大小，使整体更加生动逼真，然后在第 5 帧插入关键帧，将所有气泡整体向左移动一些，制作出气泡浮动的效果（注意十字叉中心点位置变化），如图 11-10 所示。

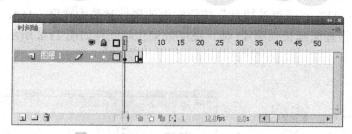

图 11-10　气泡浮动的效果和时间轴

3. 制作气泡图层

返回"场景 1"，在"封面按钮"图层上新建一个名为"气泡"的图层，将"气泡浮动"

元件拖入舞台中，设置属性参数 X 为 156，Y 为 305，宽度为 650，高度为 246。并将画面延长到第 43 帧，如图 11-11 所示。

图 11-11　"气泡"图层的效果和时间轴

五、导入背景音乐

在"气泡"图层上新建一个名为"音乐"的图层，将素材中"素材与实例→project11→素材→阳光小宝贝"目录下的"洗澡歌.mp3"音乐文件导入到库。然后选中"音乐"图层的任意一帧，设置"属性"面板中的声音名称为"洗澡歌.mp3"，同步方式为"开始"（动画开始即播放音乐），"循环"播放，声音属性设置和时间轴如图 11-12 所示。

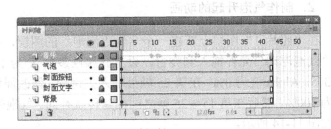

图 11-12　声音属性设置和时间轴

任务二　制作特效过渡场景动画

一、创建影片剪辑

新建一个名为"天真的畅想"影片剪辑元件，将默认图层重命名为"背景"，将素材中"素材与实例→project11→素材→阳光小宝贝"目录下的"背景 3.jpg"图片导入到舞台。设置属性参数为 X 为 0，Y 为 0，宽度为 600，高度为 450。在"背景"图层的第 110 帧处插入帧以延长画面。

二、制作气泡带动照片升起的照片过渡效果

1．制作照片 1 显示动画

在"背景"图层上新建一个名为"照片 1"的图层，将素材中"素材与实例→project11→素材→阳光小宝贝"目录下的"2-1.jpg"图片导入到舞台，利用【任意变形工具】旋转照片。将其转换为影片剪辑元件，设置其属性参数 X 为 600，Y 为 418，宽度为 153，高度为 211。在第 10 帧处插入关键帧，修改属性参数 X 为 160，Y 为 28，宽度为 288，高度为 395。然后在第 1～10 帧之间创建传统补间。在第 15 帧和第 25 处插入关键帧，修改 25 帧中图片的 Alpha 属性值为 0%，然后在第 15～25 帧之间创建传统补间。"照片 1"从右下角进入并淡出动画效果，如图 11-13 所示。

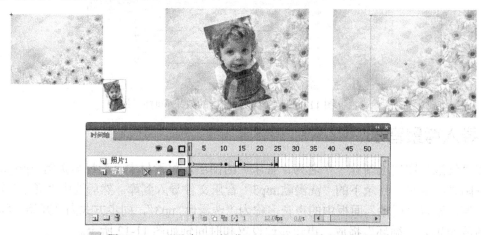

图 11-13　"照片 1"的进入、淡出动画效果及时间轴

2．制作气泡升起的动画

在"照片 1"图层上新建一个名为"泡泡"的图层，在第 14 帧处插入关键帧，将库中的"气泡浮动"元件拖入到舞台，设置其属性参数 X 为 115，Y 为 486，宽度为 800，高度为 305。Alpha 值为 0%。在第 25 帧处插入关键帧，修改属性参数 X 为 105，Y 为-244，Alpha 值为 100%。然后在第 15～25 帧之间创建传统补间。气泡带着照片消失的动画效果以及时间轴如图 11-14 所示。

图 11-14　气泡带着照片消失的动画效果及时间轴

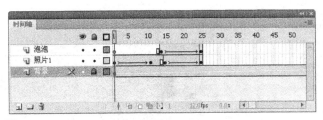

图 11-14　气泡带着照片消失的动画效果及时间轴（续）

三、制作蜗牛拖动照片的过渡效果

1．制作照片 2 显示动画

在"照片 1"图层上新建一个名为"照片 2"的图层，在第 25～55 帧处插入关键帧，将素材中"素材与实例→project11→素材→阳光小宝贝"目录下的"2-2.jpg"图片导入到舞台，将其转换为影片剪辑元件并做适当的旋转。在第 25～55 帧之间创建补间动画。设置第 25 帧中图片的属性参数 X 为 53，Y 为 506，宽度为 232，高度为 182。修改第 40 帧的属性参数 X 为 328，Y 为 206，宽度为 599，高度为 520。在第 55 帧处修改 Alpha 值为 0%。则"照片 2"左下角进入及淡出的效果及时间轴如图 11-15 所示。

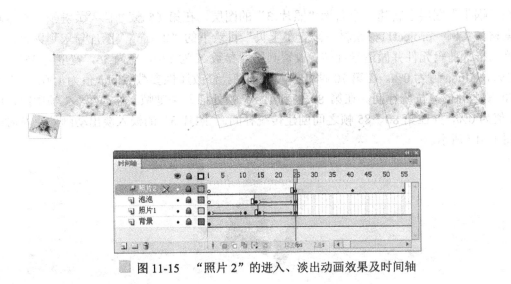

图 11-15　"照片 2"的进入、淡出动画效果及时间轴

2．制作蜗牛移动的动画

在"照片 2"图层上新建一个名为"蜗牛"的图层，在第 25 帧插入关键帧，将素材中"素材与实例→project11→素材→阳光小宝贝"目录下的"蜗牛.png"图片导入到舞台，将其转换为图形元件。设置其属性参数 X 为 47，Y 为 469，宽度为 123，高度为 123。在第 40 帧处插入关键帧，修改属性参数 X 为 521，Y 为 91，在第 25～40 帧间创建传统补间。在第 55 帧处插入关键帧，修改属性参数 X 为 661，Y 为 1，在第 40～55 帧间创建传统补间。蜗牛拖动照片的动画效果及时间轴如图 11-16 所示。

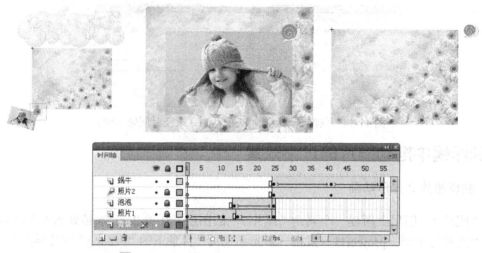

图 11-16　蜗牛拖动照片的动画效果及时间轴

四、制作爆炸过渡效果

1. 制作照片 3 显示动画

在"蜗牛"图层上新建一个名为"照片 3"的图层，在第 65 帧处插入关键帧，将素材中"素材与实例→project11→素材→阳光小宝贝"目录下的"2-3.jpg"图片导入到舞台，将其转换为影片剪辑元件并做适量旋转。设置其属性参数 X 为 130，Y 为 36，宽度为 357，高度为 397，Alpha 值为 0%。在第 70 帧处插入关键帧，修改属性参数 Alpha 值为 100%，在第 65～70 帧之间创建传统补间。在第 80 帧和第 85 帧处插入关键帧，修改第 85 帧中照片的 Alpha 值为 0%，并在第 80～85 帧之间创建传统补间。"照片 3"的淡入淡出动画效果及时间轴如图 11-17 所示。

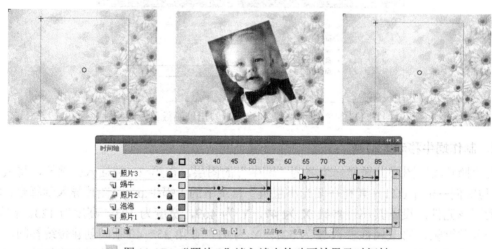

图 11-17　"照片 3"淡入淡出的动画效果及时间轴

2. 制作爆炸的动画效果

创建一个名为"爆炸"的影片剪辑，为了能够显示出白云的效果，在文档的"属性"面板中将舞台颜色改为"灰色"。然后绘制一朵小白云，宽度为 9.9，高度为 7.7，如图 11-18（a）所示。在第 5 帧处插入关键帧并在舞台中绘制一朵较大的白云，宽度为 78，高度为 68，如图 11-18（b）所示（注意要让两朵云重合上）。在第 1～5 帧间创建形状补间动画。在第 7 帧处插入关键帧，复制若干个第 5 帧中的白云图案，利用【任意变形工具】调整白云的大小和形状，并调整重叠顺序和位置，如图 11-18（c）所示。在第 8 帧处插入关键帧，复制出若干个第 5 帧中的白云图案，利用【任意变形工具】调整白云的大小、形状和位置，如图 11-18（d）所示。将第 8 帧中全部白云图案选中，转换为影片剪辑元件。在第 10 帧处插入关键帧，修改 Alpha 属性值为 0%。在第 8～10 帧间创建传统补间。爆炸动画效果和时间轴如图 11-18 所示。

3. 为照片添加爆炸效果

返回"天真的畅想"影片剪辑编辑界面，在"照片 3"图层上新建一个名为"爆炸"的图层，在第 60 帧处插入关键帧，将库中的"爆炸"元件拖入到舞台，设置其属性参数 X 为 380，Y 为 360，宽度为 93，高度为 70，Alpha 值为 0%。在第 69 帧处插入关键帧，修改属性参数 X 为 404，Y 为 352，Alpha 值为 100%。在第 60～69 帧间创建传统补间。"照片 3"的爆炸过渡效果以及时间轴如图 11-19 所示。

   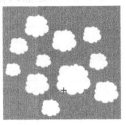

（a）小白云　　　　（b）大白云　　　　（c）第 7 帧处的白云　　　（d）第 8 帧处的白云

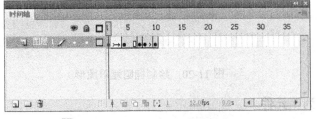

图 11-18　爆炸动画效果及时间轴

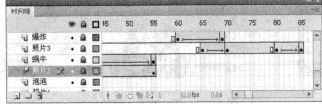

图 11-19　"照片 3"的爆炸过渡效果及时间轴

任务三　制作遮罩场景动画

一、制作快乐的精灵场景动画

1．新建影片剪辑

新建一个名为"快乐的精灵"影片剪辑，将默认图层重命名为"背景"，将素材中"素材与实例→project11→素材→阳光小宝贝"目录下的"背景2.jpg"导入到舞台，并将它转换为影片剪辑元件。设置属性参数 X 为 0，Y 为-2，宽度为 400，高度为 310。在"背景"图层的第 50 帧处插入帧以延长画面。

2．新建遮罩图层

在"背景"图层上新建一个名为"遮罩"的图层，绘制一个椭圆图形，正好盖住背景图层中的白色椭圆区域，设置椭圆的属性参数 X 为 108，Y 为 42，宽度为 182，高度为 240。并在第 50 帧处插入帧以延长画面。椭圆遮罩图形如图 11-20 所示。

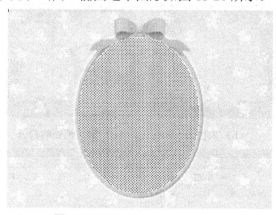

■ 图 11-20　绘制椭圆遮罩图形

3．添加照片序列 1 元件

新建一个名为"照片序列 1"的图形元件，将素材中"素材与实例→project11→素材→阳光小宝贝"目录下名为"1-1.jpg"～"1-5.jpg"5 张照片素材依次导入到舞台并首尾相接成一个序列。返回"快乐的精灵"影片剪辑中，在"背景"图层上新建一个名为"照片"的图层。选中第 1 帧，将"照片序列 1"元件拖入舞台，设置属性参数 X 为：199，Y 为 165 宽度为 2143.1，高度为 257.1，并在第 50 帧处插入帧延长画面。如图 11-21 所示。

■ 图 11-21　照片在第 1 帧的位置

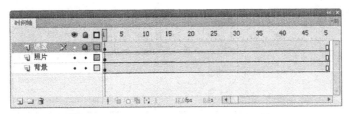

图 11-21   照片在第 1 帧的位置（续）

4．制作照片移动动画

在"照片"图层中双击照片，进入"照片序列 1"的编辑界面。在第 7 帧和第 15 帧处插入关键帧，将第 15 帧中的照片序列向左移动，使元件中心点定位在"1-2.jpg"照片上，然后创建第 7～15 帧间的传统补间动画。在第 18 帧和第 25 帧处插入关键帧，将第 25 帧中的照片序列向左移动，使元件中心点定位在"1-3.jpg"照片上，然后创建传统补间。在第 28 帧和第 35 帧处插入关键帧，将第 35 帧中的照片序列向左移动，使元件中心点定位在"1-4.jpg"照片上，然后创建传统补间。在第 38 帧和第 45 帧处插入关键帧，将第 45 帧中的照片序列向左移动，使元件中心点定位在"1-5.jpg"照片上，然后创建传统补间，并将画面延长到第 60 帧。"照片序列"移动的位置和时间轴如图 11-22 所示。

图 11-22   "照片序列 1"移动的位置和时间轴

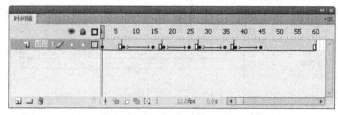

图 11-22 　"照片序列 1"移动的位置和时间轴（续）

5．制作遮罩效果

返回"快乐的精灵"影片剪辑中，选中"遮罩"图层，右击，在弹出的快捷菜单中执行【遮罩层】命令将其转换为遮罩层，此时"照片"图层自动转换为被遮罩层，将遮罩层和照片层锁定，得到的遮罩效果及时间轴如图 11-23 所示。

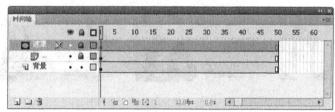

图 11-23 　"快乐的精灵"遮罩效果和时间轴

二、制作活泼的律动场景动画

1．新建影片剪辑

新建一个名为"活泼的律动"的影片剪辑，将默认图层重命名为"背景"，将素材中"素材与实例→project11→素材→阳光小宝贝"目录下的"背景 4.jpg"图片导入到舞台，并将它转换为元件。设置属性参数 X 为 0，Y 为 0，宽度为 400，高度为 315。在"背景"图层的第 75 帧处插入帧以延长画面。

2．新建遮罩图层

在"背景"图层上新建一个名为"遮罩"的图层，选择【线条工具】，按照"背景"图层中的相框轮廓在舞台上绘制一个矩形与其重合覆盖，设置矩形的属性值 X 为 67.5，Y 为

13.5，宽度为 262，高度为 280.5。如图 11-24 所示。

图 11-24　绘制矩形遮罩图形

3. 制作照片移动动画

新建一个名为"照片序列 2"的图形元件，将素材中"素材与实例→project11→素材"
目录下的名为"3-1.jpg"～"3-4.jpg"的 4 张照片素材依次导入到舞台并首尾相接成一个序
列。返回"活泼的律动"影片剪辑，在"背景"图层上新建一个名为"照片"的图层。选中
第 1 帧，将"照片序列 2"元件拖入舞台，使第 1 张照片正好在遮罩区域内。然后双击照片，
进入"照片序列 2"的编辑界面。按照如图 11-25 所示的位置和时间轴制作相片移动动画。

图 11-25　"照片序列 2"移动的位置和时间轴

4．制作遮罩效果

返回"活泼的律动"影片剪辑中，选中"遮罩"图层，右击，在弹出的快捷菜单中执行【遮罩层】命令将其转换为遮罩层，此时照片图层自动转换为被遮罩层，并将"遮罩"层和"背景"层锁定，得到的遮罩效果以及时间轴如图 11-26 所示。

图 11-26　"活泼的律动"遮罩效果和时间轴

任务四　制作相册框架并添加动作脚本

一、导入 3 个场景动画

1．导入"快乐的精灵"场景动画

在"气泡"图层上新建一个名为"快乐的精灵"的图层，在第 2 帧处插入关键帧，将库中的"快乐的精灵"元件导入到舞台。设置属性参数 X 为 0，Y 为 2，宽度为 845，高度为 618.4，Alpha 值为 0%。在第 10 帧处插入关键帧，修改 Alpha 值为 100%，在第 15 帧处插入关键帧，再修改 Alpha 值为 0%，然后在这两段之间创建传统补间。选中第 15 帧，右击，在弹出的快捷菜单中执行【动作】命令，在"脚本编辑界面"中输入代码"gotoAndStop(1);"使动画播放完后自动跳转并停止在第 1 帧的相册封面，脚本代码和时间轴如图 11-27 所示。

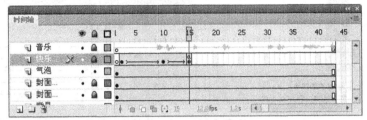

图 11-27　"快乐的精灵"第 15 帧的脚本代码和时间轴

2. 导入"天真的畅想"场景动画

在"快乐的精灵"图层上新建一个名为"天真的畅想"的图层，在第 16 帧处插入关键帧，将库中的"天真的畅想"元件导入到舞台。设置属性参数 X 为 0，Y 为 0，宽度为 753，高度为 629。在第 24 帧和第 29 帧处插入关键帧。并在第 29 帧中加入脚本代码"gotoAndStop(1);"使动画播放完后自动跳转并停止在第 1 帧的相册封面，脚本代码和时间轴如图 11-28 所示。

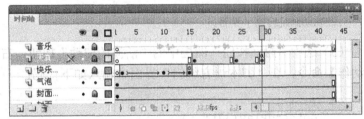

图 11-28　"天真的畅想"第 29 帧的脚本代码和时间轴

3. 导入"活泼的律动"场景动画

在"天真的畅想"图层上新建一个名为"活泼的律动"的图层，在第 30 帧处插入关键帧，将库中的"活泼的律动"元件导入到舞台。设置属性参数 X 为 0，Y 为-16，宽度为 600，高度为 449.9，Alpha 值为 0%。在第 38 帧处插入关键帧，修改 Alpha 值为 100%，在第 43 帧处插入关键帧，修改 Alpha 值为 0%，然后在这两段之间创建传统补间。在第 43 帧中加入脚本代码"gotoAndStop(1);"使动画播放完后自动跳转并停止在第 1 帧的相册封面，脚本代码和时间轴如图 11-29 所示。

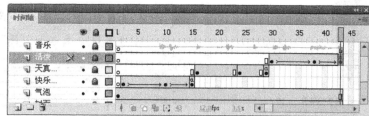

图 11-29　"活泼的律动"第 43 帧的脚本代码和时间轴

4．为封面 3 个按钮添加动作脚本

（1）选中"封面按钮"图层中的"快乐的精灵"按钮，右击，在弹出的快捷菜单中执行【动作】命令，在"脚本语言编辑"界面中输入如下代码：

```
on (press) {
    gotoAndPlay(2);
```

} 控制动画跳转到子界面。

（2）选中"封面按钮"图层中的"天真的畅想"按钮，右击，在弹出的快捷菜单中执行【动作】命令，在"脚本语言编辑"界面中输入如下代码：

```
on (press) {
    gotoAndPlay(16);
```

}控制动画跳转到子界面。

（3）选中"封面按钮"图层中的"活泼的律动"按钮，右击，在弹出的快捷菜单中执行【动作】命令，在"脚本语言编辑"界面中输入如下代码：

```
on (press) {
    gotoAndPlay(30);
```

}控制动画跳转到子界面。

二、为相册框架添加动作脚本

在"音乐"图层上新建一个名为"动作脚本"的图层，选中第 1 帧，右击，在弹出的快捷菜单中执行【动作】命令，在"脚本语言编辑"界面中输入代码"stop();"控制动画停止在第 1 帧画面上，再按相同的方法依次在第 10、24、38 帧处插入关键帧，分别添加"stop();"脚本代码，控制动画播放到第 10、24、38 帧处停止。时间轴如图 11-30 所示。

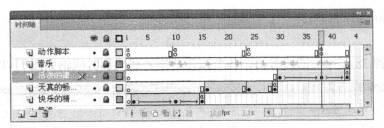

图 11-30　"动作脚本"图层的时间轴

三、制作返回按钮，添加动作脚本

1．制作返回按钮

创建一个名为"返回按钮"的按钮元件。选中"弹起"帧，将素材中"素材与实例→project11→素材→阳光小宝贝"目录下的"按钮.png"图片导入到舞台。在"指针经过"帧处插入关键帧，利用【任意变形工具】将按钮图形等比例缩小，如图 11-31 所示。

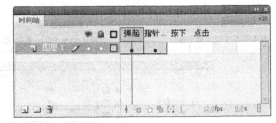

图 11-31　"返回按钮"效果和时间轴

2．为按钮添加动作脚本

在"活泼的律动"图层上新建一个名为"按钮"的图层，在第 10 帧处插入关键帧，将库中的"按钮"元件拖入到舞台。设置属性参数 X 为 549，Y 为 412，宽度为 46，高度为 47。选中"按钮"实例对象，右击，在弹出的快捷菜单中执行【动作】命令，在"脚本语言编辑"界面中输入如下代码：

```
on (press) {
    gotoAndPlay(11);
}
```

当动画播放到第 10 帧时会自动停止，如果用户单击了"返回按钮"，则动画会从第 11 帧开始播放，播放到第 15 帧正好"快乐的精灵"场景动画淡出，播放完毕，执行 15 帧中的动作命令返回第 1 帧相册首页，这样就实现了单击"返回按钮"退出子场景、返回主场景的功能。

用同样的方法可以为第 24 帧和第 38 帧中的按钮添加代码。将第 24 帧转换为关键帧，清除掉第 11～23 帧。为按钮添加如下脚本代码：

```
on (press) {
    gotoAndPlay(25);
}
```

再将第 38 帧转换为关键帧，清除掉第 25～37 帧。为按钮添加如下脚本代码：

```
on (press) {
```

```
        gotoAndPlay(39);
    }
```

最后清除掉 38 帧以后的所有帧。各个按钮的脚本代码和时间轴如图 11-32 所示。

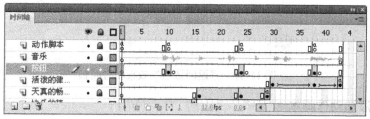

图 11-32　"返回按钮"脚本代码和时间轴

 实训演练 ◄·

设计一款以猫咪为主题的电子相册，利用图片按钮控制每个场景的切换。具体操作步骤如下。

（1）新建一个名为"猫咪物语"的 Flash 文件，设置文档尺寸，宽度为 500 像素，长度为 500 像素，帧频为 12fps。将默认图层重命名为"背景"，将素材中"素材与实例→project11→素材→猫咪物语"目录下的"背景图.jpg"图片导入到舞台。设置属性参数 X 为 0，Y 为 0，宽度为 500，高度为 500。在第 75 帧处插入帧延长画面。

（2）新建一个名为"小照片 1"的按钮元件，选中"弹起"帧，将素材中"素材→project11→素材→猫咪物语"目录下的"小照片 1.png"图片导入到舞台。设置属性参数宽度为 233，高度为 262。按照相同的方法分别制作"小照片 2"、"小照片 3"、"小照片 4"和"小照片 5"的按钮元件。在每个按钮的"弹起"帧中导入相同目录下对应名称的图片素材，并且设置按钮的大小一致。生成的 5 个按钮如图 11-33 所示。

图 11-33　5 个小照片按钮元件

（3）返回"场景 1"，新建一个名为"小照片"的图层，选中第 1 帧将库中的 5 个小照片按钮拖入到舞台，并利用【任意变形工具】调整各个按钮的角度、位置、排列如图 11-34 所示。

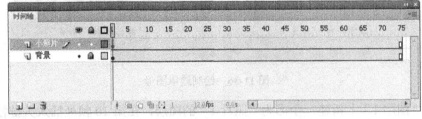

图 11-34　小照片按钮的角度、位置、排列和时间轴

（4）在"小照片"图层的第 2 帧处插入关键帧，将"小照片 1"按钮实例的 Alpha 值改为 0%。在第 16 帧处插入关键帧，将"小照片 1"按钮实例的 Alpha 值改为 100%，"小照片 2"按钮实例的 Alpha 值改为 0%。在第 29 帧处插入关键帧，将"小照片 2"按钮实例的 Alpha 值改为 100%，小照片 3 按钮实例的 Alpha 值改为 0%。在第 45 帧处插入关键帧，将"小照片 3"按钮实例的 Alpha 值改为 100%，"小照片 4"按钮实例的 Alpha 值改为 0%。在第 62 帧处插入关键帧，将"小照片 4"按钮实例的 Alpha 值改为 100%，"小照片 5"按钮实例的 Alpha 值改为 0%。各个小照片按钮隐藏效果和时间轴如图 11-35 所示。

（5）新建一个名为"part1"的影片剪辑元件，将素材中"素材与实例→project11→素材→猫咪物语"目录下的"大照片 1.jpg"图片导入到舞台。设置属性参数宽度为 413，高度为 472。并在第 35 帧处插入帧延长画面。再新建一个名为"遮罩"的图层，使用【矩形工具】

根据照片绘制一个矩形使其正好覆盖住照片上的图案。如图 11-36 所示。

图 11-35　各个小照片按钮隐藏效果和时间轴

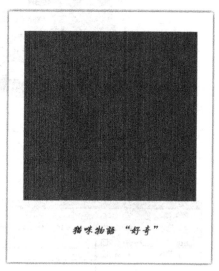

图 11-36　绘制遮罩图形

（6）在"图层 1"上新建一个名为"照片 1"的图层，在第 10 帧处插入关键帧，将素材中"素材与实例→project11→素材→猫咪物语"目录下的"002.jpg"图片素材导入到舞台并转换为影片剪辑元件。设置"属性"面板参数 X 为 9.3，Y 为 50.9，宽度为 377，高度为 289，Alpha 值为 0%。在第 15 帧处插入关键帧，设置"属性"面板参数 Alpha 值为 100%，在第 20 和 25 帧处插入关键帧，将第 25 帧中照片的 Alpha 值改为 0%，在两段之间创建传统补间。并删掉 25 帧以后的所有帧。选中"遮罩"图层，右击，在弹出的快捷菜单中执行【遮罩层】命令将其转换为遮罩层，得到的遮罩效果以及时间轴如图 11-37 所示。

（7）再新建一个名为"照片 2"的被遮罩层，在第 20 帧处插入关键帧，将素材中"素材与实例→project11→素材→猫咪物语"目录下的"003.jpg"图片导入到舞台并转换为影片剪辑元件。设置属性参数 X 为 0.3，Y 为 50，宽度为 387，高度为 290。在第 30 和 35 帧处插入关键帧，设置属性参数 Alpha 值为 0%，在第 30～35 帧间创建传统补间。遮罩效果以及时间轴如图 11-38 所示。

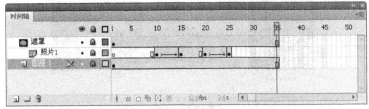

图 11-37　遮罩效果和时间轴

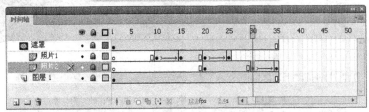

图 11-38　"照片 2"遮罩效果和时间轴

　　（8）新建一个名为"part2"的影片剪辑元件，将素材中"素材与实例→project11→素材
→猫咪物语"目录下的"大照片 2.jpg"图片导入到舞台。设置属性参数宽度为 413，高度为
472。并在第 60 帧处插入帧延长画面。再新建一个名为"遮罩"的图层，使用【矩形工具】

根据照片绘制一个矩形使其正好覆盖住照片上的图案。

（9）在"图层1"上新建一个名为"照片"的图层，在第5帧处插入关键帧，将素材中"素材与实例→project11→素材→猫咪物语"目录下名为"005.jpg"、"006.jpg"和"007.jpg"的3张图片依次导入到舞台并首尾相接排列，并转换为图形元件。设置属性参数 X 为 945.5，Y 为 204.4，宽度为 1197.6，高度为 298.9。然后按照正文中介绍的方法制作照片左移的遮罩动画，效果以及时间轴如图 11-39 所示。

图 11-39　"part2"照片左移遮罩动画和时间轴

（10）新建一个名为"part3"的影片剪辑元件，将素材中"素材与实例→project11→素材→猫咪物语"目录下的"大照片 3.jpg"图片导入到舞台。设置属性面板参数宽度为 413，高度为 472。并在第 40 帧处插入帧延长画面。再新建一个"遮罩"图层，正好覆盖住照片上的图案。然后建立两个被遮罩图层"照片 1"和"照片 2"，分别导入同目录下的"009.jpg"和"010.jpg"两幅照片，并分别制作淡入、淡出动画效果。遮罩效果以及时间轴如图 11-40 所示。

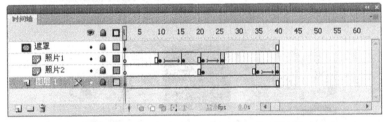

图 11-40 "part3"遮罩效果和时间轴

（11）新建一个名为"part4"的影片剪辑元件，将素材中"素材与实例→project11→素材→猫咪物语"目录下的"大照片 4.jpg"图片导入到舞台，设置属性参数宽度为 413，高度为 472。并在第 45 帧处插入帧延长画面。再新建一个"遮罩"图层，正好覆盖住照片上的图案。然后建立一个名为"照片"的被遮罩图层，依次导入同目录下的"012.jpg"、"013.jpg"和"014.jpg"3 幅照片，首尾相接排列，并转换为图形元件。设置属性参数 X 为 947，Y 为 200，宽度为 1194，高度为 300。然后按照如图 11-41 所示的位置和时间轴完成照片左移遮罩动画。

（12）新建一个名为"part5"的影片剪辑元件，将素材中"素材与实例→project11→素材→猫咪物语"目录下的"大照片 5.jpg"图片导入到舞台。设置属性参数宽度为 413，高度为 472。并在第 35 帧处插入帧延长画面。再新建一个"遮罩"图层，正好覆盖住照片上的图案。然后建立两个被遮罩图层"照片 1"和"照片 2"，分别导入同目录下的"016.jpg"和"017.jpg"两幅照片，并分别制作淡入、淡出动画效果。遮罩效果以及时间轴如图 11-42 所示。

（13）分别创建名为"大照片 1"、"大照片 2"、"大照片 3"、"大照片 4"和"大照片 5"的按钮元件，在"弹起"帧上将库中的"part1"、"part2"、"part3"、"part4"和"part5"的影片剪辑元件导入舞台。返回"场景 1"，在"小照片"图层上新建一个名为"大照片 1"的图层，在第 2 帧处插入关键帧，将库中的"大照片 1"按钮元件拖入到舞台，调整元件大小使之与小照片位置大小重合。在第 8 帧处插入关键帧，设置属性参数 X 为 251.1，Y 为 239，宽度为 413.1，高度为 472.1。在第 2～8 帧间创建传统补间。在第 8 帧中加入脚本代码"stop();"，控制动画在第 8 帧处停止。为"大照片 1"按钮添加如下脚本代码，使用户单击"大照片"按钮后跳到第 9 帧开始播放动画。

```
on (press) {
    gotoAndPlay(9);
}
```

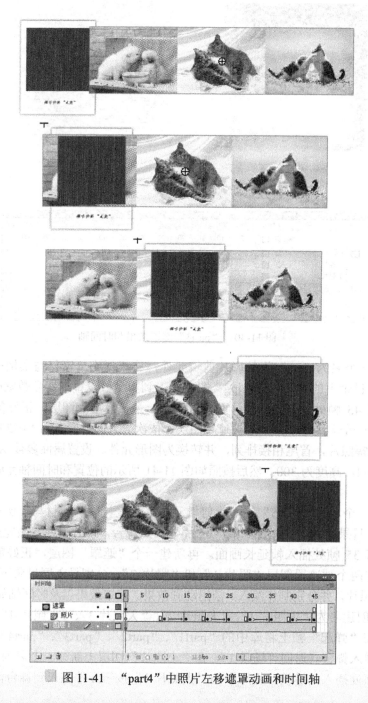

图 11-41　"part4"中照片左移遮罩动画和时间轴

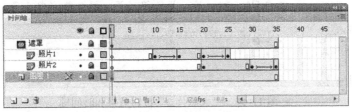

图 11-42 "part5" 遮罩效果和时间轴

在第 9 帧和第 15 帧处插入关键帧，复制第 2 帧到第 15 帧处。在第 9～15 帧间创建传统补间，清除 15 帧以后的所有帧。按钮动画效果和时间轴如图 11-43 所示。

图 11-43 "大照片 1" 按钮效果和时间轴

（14）在"大照片 1"图层上新建一个名为"大照片 2"的图层，按照"大照片 1"图层的制作方法来完成"大照片 2"图层的制作。在第 21 帧处添加的脚本代码为"stop();"，"大照片 2"按钮的脚本代码如下，最后按钮的效果和时间轴如图 11-44 所示。

```
on (press) {
    gotoAndPlay(22);
}
```

（15）按照上面的方法分别制作其他 3 个大照片图层。在帧上添加的脚本代码均为"stop();"。"大照片 3"图层的按钮效果、脚本代码和时间轴如图 11-45 所示。"大照片 4"图层的按钮效果、脚本代码和时间轴如图 11-46 所示。"大照片 5"图层的按钮效果、脚本代码和时间轴如图 11-47 所示。

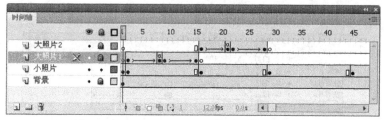

图 11-44 "大照片 2"按钮效果和时间轴

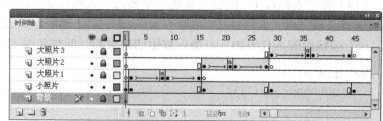

图 11-45 "大照片 3"按钮效果、脚本代码和时间轴

（16）在"大照片 5"图层上新建一个名为"动作脚本"的图层，在第 1 帧处插入关键帧，添加脚本代码"stop();"。然后分别在第 15、28、44、61 和 75 帧处插入关键帧，并在每个关键帧中添加脚本代码"gotoAndStop(1);"，动作脚本时间轴如图 11-48 所示。

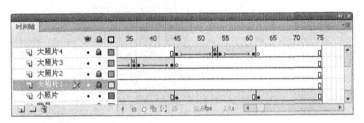

图 11-46　"大照片 4" 按钮效果、脚本代码和时间轴

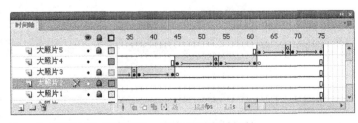

图 11-47　"大照片 5" 按钮效果、脚本代码和时间轴

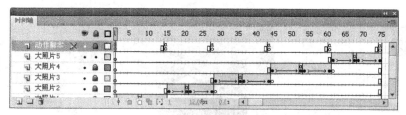

图 11-48　动作脚本时间轴

（17）在"动作脚本"图层上新建一个名为"音乐"的图层，将素材中"素材与实例→project11→素材→猫咪物语"目录下的"迪士尼音乐盒.mp3"音乐文件导入到库。然后将音乐文件拖入舞台，设置帧"属性"中的声音效果为"淡出"，同步方式为"开始"，如图 11-49所示。

图 11-49　音乐"属性"面板和时间轴

项目十二　迪士尼拼图——Flash 小游戏的制作

　　本实例主要讲解了一款智力拼图游戏的制作过程,利用影片剪辑实例的拖放与碰撞检测来确定拼图碎片的正确位置。拼图主要针对低龄儿童设计,因此使用简单易玩的 9 块拼图方式,并选择了小朋友们喜爱的迪士尼卡通图案,再配以卡通笑脸的按钮、烟花效果的鼓励文字等,整个游戏操作简单、动画可爱,能够充分调动儿童的兴趣,锻炼儿童的观察力。

任务一 制作拼图的原图和碎片

一、新建 Flash 文件

新建一个名为"智力拼图"的 Flash（ActionScript 2.0）文件，选择【修改】→【文档】菜单命令，修改文档尺寸。设置文档宽度为 550 像素，高度为 400 像素，帧频为 12fps，如图 12-1 所示。

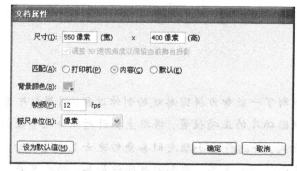

图 12-1 修改文档属性

二、导入背景图片文件

将默认图层重命名为"背景"，并选中该图层的第一帧，将素材中"素材与实例→project12→素材→拼图素材"目录下的"背景.jpg"图片导入到舞台，将图片转换为影片剪辑元件。修改图片尺寸同样为 550 像素×400 像素，并与舞台对齐。如图 12-2 所示。

图 12-2 导入背景图片

三、制作拼图原图

1. 导入拼图素材图片

选择【文件】→【导入】→【导入到库】菜单命令，将素材中"素材与实例→project12 →素材→拼图素材"目录下的名为"拼图01.jpg"～"拼图09.jpg"的9张拼图碎片图片导入到库，并创建一个名为"米奇"的文件夹来管理这9张素材图片。

2. 制作一片拼图

在"背景"图层上新建一个名为"原图"的图层，在图层的第 1 帧上将库中的"拼图1.jpg"图片拖入到舞台，设置属性参数宽度为 81，高度为 81。然后将它转换为影片剪辑元件，命名为"tu1"。为了在脚本代码中能够控制这个实例对象，要在"属性"面板中将实例对象命名为"yt1"，放在白色拼图区的右下角。拼图位置和实例属性参数如图 12-3 所示。

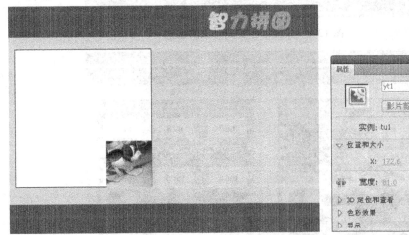

图 12-3　"yt1"实例对象的位置及属性参数

3. 制作其他 8 片拼图

按照相同的方法将其他 8 张素材图片转换为大小为 81 像素×81 像素的影片剪辑元件，根据图片名称分别命名为"tu2"、"tu3"、"…"、"tu9"，对应的元件实例对象也命名为"yt2"、"yt3"、"……"、"yt9"。将它们拼接完整并填满背景图中的白色区域，完成拼图原图的制作。原图中各实例对象的位置如图 12-4 所示。

四、制作拼图碎片

在"原图"图层上新建一个名为"碎片"的图层，将"原图"图层中的所有实例对象全部选中，然后复制到"碎片"图层，并置于背景图中的右侧位置。新生成的实例对象，对应其影片剪辑元件的名字，分别命名为"mc1"、"mc2"、"…"、"mc9"。碎片对象的命名和位置如图 12-5 所示。

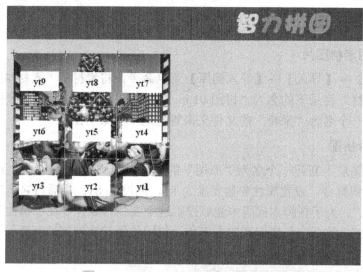

图 12-4　原图中各实例对象的位置

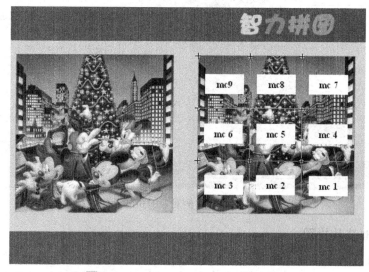

图 12-5　各碎片对象的命名和位置

任务二　制作控制按钮

一、制作重玩按钮

1. 制作"弹起"帧

新建一个名为"重玩"的按钮元件，选中"弹起"帧，将素材中"素材与实例→project12→素材→拼图素材"目录下的"笑脸1.png"图片导入到舞台，修改其属性参数宽度为50，高度为50。新建一个图层，选中"弹起"帧，使用【文本工具】在笑脸图片右侧输入文字"重玩"，设置字符属性的相关参数，字体为"华康海报体 W12"，大小为"17 点"，颜色为"白色"，如图 12-6 所示。

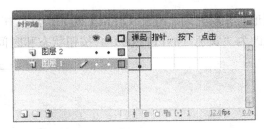

图 12-6 "弹起"帧的按钮状态与时间轴

2. 制作"指针经过"帧

选择"图层 1",在"指针经过"帧上插入关键帧,将相同素材目录下的"笑脸 2.png"图片导入到舞台,修改其属性参数宽度为 50,高度为 50。用"笑脸 2.png"图片覆盖"笑脸 1"图片,然后选择"图层 2",在"指针经过"帧上插入关键帧,将文本的颜色改为"橙色(#FFCC00)",如图 12-7 所示。

图 12-7 "指针经过"帧的按钮状态与时间轴

3. 在游戏界面中添加按钮对象

返回"场景 1",在"碎片"图层上新建一个名为"重玩按钮"的图层,将库中的"重玩"按钮元件拖入舞台,设置按钮属性参数 X 为 60,Y 为 27,宽度为 85,高度为 50,然后将按钮实例对象命名为"cw_btn"。按钮位置和属性参数设置如图 12-8 所示。

图 12-8 按钮位置和属性参数设置

二、制作音乐开关按钮

1. 制作按钮元件

新建一个名为"音乐开关"的按钮,在"弹起"帧上利用【线条工具】绘制一个小喇叭的图形，并填充为"橙色（#FFCC00）"，然后在"指针经过"帧上插入关键帧，将小喇叭的颜色改为"黄色（##FFFF00）"。按钮状态和时间轴如图12-9所示。

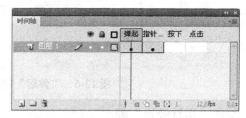

图12-9　"音乐开关"按钮的状态和时间轴

2．添加按钮对象

返回"场景1"，在"重玩按钮"图层上新建一个名为"音乐"的图层。选中第1帧，将库中的"音乐开关"元件拖入舞台，设置属性参数X为480，Y为373，宽度为14，高度为14。按钮的位置如图12-10所示。

图12-10　"音乐开关"按钮的位置

3．添加按钮对象

选中"音乐"图层，使用【文本工具】在"音乐开关"按钮的左侧输入文字"背景音乐"，设置文字的属性参数，系列为"华康海报体W12"，大小为"15点"，颜色为"白色"。然后在按钮的右侧输入文字"开"，打开"属性"面板，将文本类型改为"动态文本"，系列为"华康海报体W12"，大小为"15点"，颜色为"白色"。然后单击"选项"左侧的三角，在"变量"文本框中输入"kg"，这样"开"字的动态文本对象就被命名为"kg"，以后就可以利用这个变量名字修改文字内容了。文字内容及属性设置如图12-11所示。

4．导入背景音乐

将素材中"素材与实例→project12→素材→拼图素材"目录下的"背景音乐.mp3"导入到库。然后在库中选择"背景音乐.mp3"文件，右击，在弹出的快捷菜单中执行【属性】命令，打开"声音属性"对话框，单击【高级】按钮展开高级选项，在链接中勾选"为ActionScript导出（X）"选项，这样可以在脚本中控制该声音对象，再勾选"在帧1中导出"选项，这样就可以将音乐自动加载在第 1 帧，即从第 1 帧开始自动播放音乐。在下面的"标识符"文本框中输入"sound"，就是给这个背景音乐命名为"sound"，在代码中就可以利用这个名字来控制背景音乐了。"声音属性"对话框如图 12-12 所示。

图 12-11　文字位置及动态文本属性设置

图 12-12　背景音乐的属性参数设置

5．添加帧控制代码

选中"音乐"图层的第 1 帧，右击，在弹出的快捷菜单中执行【动作】命令，为该帧添加背景音乐控制的初始化代码。帧的脚本初始化代码如图 12-13 所示。

"ss = new Sound()"语句表示新建一个名为"ss"的音乐对象，"ss.attachSound ("sound");"语句表示将 ss 音乐对象与前面定义的"背景音乐.mp3"文件进行绑定，以后对 ss 对象的控制就是对"背景音乐.mp3"这个音乐文件的控制。"ss.start()"语句表示开始音乐文件的播放。最后一句"a = 0"则是定义一个变量 a，表示音乐开关按钮被单击的次数，它的初始值是 0。

6．添加按钮控制代码

在"音乐"图层的第 1 帧中选中"音乐开关"按钮对象，右击，在弹出的快捷菜单中执行

【动作】命令，为该按钮添加控制背景音乐开和关的代码。按钮的脚本控制代码如图 12-14 所示。

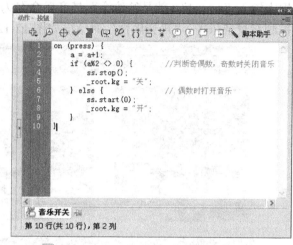

图 12-13　"音乐"图层第 1 帧的脚本代码　　　图 12-14　"音乐开关"按钮的脚本代码

　　每次单击"音乐开关"按钮，都会执行"on(press){}语句，首先进行"a=a+1；"操作，为按钮的点击次数加 1，然后判断 a 是奇数还是偶数。如果 a 不能被 2 整除，则表示 a 是奇数，那么按钮要关闭音乐，于是调用"ss.stop()；"语句，将音乐关闭，同时将_root.kg 变量表示的动态文本内容改为"关"。如果 a 是偶数，那么按钮要打开音乐，则执行"ss.start(0)"语句，其中的"0"表示音乐从头开始播放。相应的要把动态文本内容改为"开"。这样就完成了"音乐开关"按钮对背景音乐的打开和关闭的控制。

任务三　制作结束动画

一、制作烟花爆炸的关键帧动画

　　新建一个名为"结束动画"的影片剪辑元件，将素材中"素材与实例→project12→素材→拼图素材→烟火素材"目录下的"烟火 0002.png"素材导入到舞台，在提示"是否导入序列中的所有图像"的对话框中单击【是】按钮，这样所有烟火的素材被全部逐帧导入，形成一个烟花爆炸的关键帧动画，动画效果和时间轴如图 12-15 所示。

图 12-15　烟花爆炸效果和时间轴

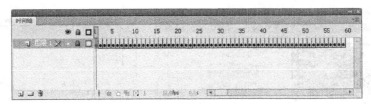

图 12-15　烟花爆炸效果和时间轴（续）

二、导入米奇图案

新建一个图层并选中第 1 帧，将素材中"素材与实例→project12→素材→拼图素材"目录下的"米奇.png"图片导入到舞台，使用【任意变形工具】调整图像的大小和位置，并将画面延长到第 59 帧。米奇图案的位置和时间轴如图 12-16 所示。

图 12-16　米奇图案的位置和时间轴

三、编辑鼓励文字

再新建一个图层，选中第 1 帧，使用【文本工具】输入文字"你真棒 拼图成功"，设置字符的属性参数，系列为"华康海报体 W12"，大小为"40 点"，颜色为"红色（#E72D34）"，然后将文字置于图案的中央，并延长到第 59 帧。结束动画的最终效果和时间轴如图 12-17 所示。

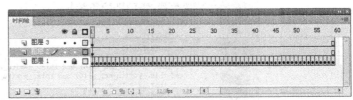

图 12-17　结束动画的最终效果和时间轴

四、将结束动画添加到游戏界面

返回"场景 1"，隐藏"碎片"图层，然后在"重玩按钮"图层上新建一个名为"结束动画"的图层，将库中的"结束动画"影片剪辑元件拖入舞台，设置属性参数 X 为 227，Y 为 51，宽度为 320，高度为 311，然后将"结束动画"的实例对象命名为"finish"。"结束动画"的位置和属性设置如图 12-18 所示。

图 12-18　"结束动画"的位置和属性设置

任务四　添加拼图控制的动作脚本

在"音乐"图层上新建一个名为"脚本代码"的图层，选中第一帧，右击，在弹出的快捷菜单中执行【动作】命令，在打开的"脚本编辑界面"中加入如图 12-19 所示的脚本代码。

```
var ok = 0;                                    //初始化成功次数
reset();                                       //初始化碎片位置和结束动画
for (i=1;i<10;i++){
    mymc_mc = this["mc"+i];
    tumc_mc = this["yt"+i];
    tumc_mc._visible = false;                  //设置原图像不显示
    match(mymc_mc,tumc_mc,mymc_mc._x,mymc_mc._y);
}
function reset (){
    ok = 0;
    finish._visible = false;                   //定义结束动画不显示
    for(j=1;j<10;j++){
    mymc_mc = eval("mc"+j);
    mymc_mc._x = 300+random(150);
    mymc_mc._y = 80+random(150);               //随机定义拼图碎片位置
    }
}
function match (my_mc,tu_mc,dx,dy){
    my_mc.onPress = function(){
        this.startDrag();
    }
    my_mc.onRelease = function(){
        this.stopDrag();
        //定义拼图碎片与原图像相差10个单位内会自动定位到正确位置
        if(this._x<=(tu_mc._x+10) and this._x>=(tu_mc._x-10)
        and this._y<=(tu_mc._y+10) and this._y>=(tu_mc._y-10)){
            this._x = tu_mc._x;
            this._y = tu_mc._y;
            ok = ok+1;                         //成功匹配次数加1
        } else {                               //放在错误位置拼图回到原位
            this._x = dx;
            this._y = dy;
        }
        if (ok>=9)
            finish._visible = true;            //成功匹配9次后显示结束动画
    }
}
cw_btn.onRelease=function(){
    reset();
}
```

图 12-19　实现拼图功能的脚本代码

一、游戏的初始化

在游戏开始执行时，不显示拼图的原图，而且碎片也不是像设计时那样摆好的，而是随机摆放。为此需要在脚本的开始位置添加初始化代码。

1．初始化成功匹配次数

首先定义一个变量 ok 用来记录拼图碎片成功匹配的次数，开始时为 0，所以执行语句"var ok = 0;"。

2．定义 reset()初始化函数

由于每次开始游戏和单击"重玩"按钮后都要初始化拼图碎片的位置，将成功匹配次数清零，并且隐藏结束动画，所以我们定义一个 reset()函数，来完成这些操作。需要实现这部分功能时，只需要调用参数就可以了。reset()函数的代码如下：

```
function reset (){
    ok = 0;
    finish._visible = false;          //定义结束动画不显示
    for(j=1;j<10;j++){
    mymc_mc =eval("mc"+j);
    mymc_mc._x = 300+random(150);
    mymc_mc._y = 80+random(150);      //随机定义拼图碎片位置
    }
}
```

在游戏开始时拼图还没有完成，此时"结束动画"不应该显示出来，为此要执行"finish._visible =false;"语句用来隐藏名为"finish"的结束动画实例对象。然后要让 9 个拼图碎片随机摆放位置，可以用一个 for 循环来完成。j 从 1 到 9 执行 9 次，每次让 mymc_mc 变量指向一个碎片的实例对象（mc1、mc2、…或 mc9），然后设置该对象的 x 和 y 坐标，为了保证碎片在画面的右半部分显示，x 起始坐标为 300，y 起始坐标为 80，然后在 x 和 y 的起始坐标后面加一个 150 以内的随机数，这样既可以保证每次开始游戏时碎片的位置都不同，也可以保证碎片不会超出画面范围。

3．调用 reset()函数

定义完 reset()函数以后，就要在适当的位置调用。在我们的拼图脚本中有两处需要调用它，一次是在开始游戏的时候，还有一次是在单击了"重玩"按钮之后。在设计按钮时没有给按钮添加动作脚本，它的单击事件可以在这里统一定义。按钮实例对象的名字是 cw_btn，加一条"cw_btn.onRelease=function(){}"语句，然后把按钮单击后要实现的功能代码放在花括号之间即可。reset()函数调用的位置和代码如下：

```
var ok = 0;
reset();
……

……
cw_btn.onRelease=function(){
    reset();
}
```

二、游戏的控制

1. 定义拼图控制函数

在拼图游戏中，无论拼图有多少块，只要定义一块拼图的匹配函数就可以。在 match()函数中定义了 4 个参数，my_mc 变量表示碎片实例对象，tu_mc 变量表示原图中对应的图片，dx 和 dy 变量表示碎片原始位置的 x 和 y 坐标。在碎片的按下事件中执行 startDrag()函数，让碎片可以跟随鼠标拖动。碎片的鼠标按下事件代码如下：

```
my_mc.onPress = function(){
    this.startDrag();
}
```

接下来在碎片的松开事件中执行 stopDrag()函数，这样松开鼠标后碎片就停止拖动了。然后判断拼图碎片是否放在了正确位置。判断碎片的坐标与原图的坐标相差的数值，如果这个值小于 10，那么，我们就认为拼图位置匹配了，这样就将原图的坐标赋值给碎片，碎片就可以停在正确的位置，并且给表示成功匹配次数的变量 ok 加 1。如果差值大于 10 则认为碎片放在了错误的位置，那么将碎片原始位置的坐标 dx 和 dy 赋值给碎片，作为碎片的当前坐标，这样就实现了将碎片放在错误位置而能回到原始位置。最后判断成功匹配的次数是否达到 9 次，如果达到 9 次就表示拼图全部匹配成功，将"finish"对象的 visible 属性设为 true，就可以显示结束动画了。碎片的鼠标松开事件代码如下：

```
my_mc.onRelease = function(){
        this.stopDrag();
        //定义拼图碎片与原图像相差10个单位内会自动定位到正确位置
        if(this._x<=(tu_mc._x+10) and this._x>=(tu_mc._x-10)
        and this._y<=(tu_mc._y+10) and this._y>=(tu_mc._y-10)){
            this._x = tu_mc._x;
            this._y = tu_mc._y;
            ok = ok+1;                //成功匹配次数加1
        } else {                      //放在错误位置拼图回到原位
            this._x = dx;
            this._y = dy;
        }
        if (ok>=9)
            finish._visible = true;   //成功匹配9次后显示结束动画
    }
```

2. 实现所有拼图碎片的匹配

拼图共有 9 块，这样做一个执行 9 次的 for 循环，调用 match()函数对每一个拼图碎片进行匹配，就能实现所有拼图碎片的匹配控制了。首先要设置 match()函数的参数，mymc_mc 变量指向某一个碎片对象，而 tumc_mc 变量指向对应的原图对象，这个原图像不能显示，所以 tumc_mc 的 visible 属性要设为 false。最后调用 match()函数，并将 mymc_mc、tumc_mc 和碎片对象的初始坐标 mymc_mc._x、mymc_mc._y 4 个变量作为函数的参数。match()函数的调用代码如下：

```
for (i=1;i<10;i++){
```

```
    mymc_mc = this["mc"+i];
    tumc_mc = this["tu"+i];
    tumc_mc._visible = false;            //设置原图像不显示
    match(mymc_mc, tumc_mc, mymc_mc._x, mymc_mc._y);
}
```

 实训演练 ◀·

设计一个砸仓鼠的小游戏，在规定时间内砸中仓鼠个数越多，得到的分数越高，以此来锻炼用户的反应能力。具体操作步骤如下。

（1）新建一个名为"砸仓鼠"的 Flash 文件，设置文档尺寸，宽度为 550 像素，高度为 400 像素，帧频为 12fps。将默认图层重命名为"底图"，把素材中"素材与实例→project12 →素材→砸仓鼠素材"目录下的"背景.jpg"图片导入到舞台，调整背景图片的大小正好覆盖舞台，并在第 10 帧处插入帧来延长画面。如图 12-20 所示。

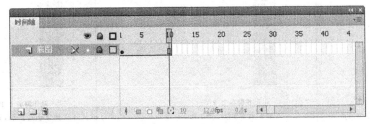

图 12-20　"底图"图层的图片和时间轴

（2）新建一个名为"时间"的影片剪辑元件，将默认图层重命名为"文字"。在第 1 帧中使用【文本工具】输入文字"时间"，设置字符系列为"华康海报体 W12"，样式为"Regular"，大小为"20 点"，颜色为"红色（#CC0000）"。再在时间文字的右侧创建一个动态文本，设置字符系列为"华康海报体 W12"，样式为"Regular"，大小为"20 点"，颜色为"红色（#CC0000）"，并将它的变量名定义为"shijian"。在第 15 帧处插入帧来延长动画，文字效果、参数设置和时间轴如图 12-21 所示。

（3）在"文字"图层上新建一个名为"动作脚本"的图层。在第 1 帧插入关键帧，加入如

图 12-22（a）所示脚本，设置游戏时间为 60 秒。在第 2 帧处插入关键帧，加入如图 12-22（b）所示代码，判断 shijian 变量为 0 时，停止游戏计时，跳转并停在"场景 1"中标识为 over 的帧处。最后在第 15 帧处插入关键帧，加入如图 12-22（c）所示代码，将时间变量减 1，并跳回到第 2 帧去执行，来判断计时是否结束。"动作脚本"图层各帧的代码与时间轴如图 12-22 所示。

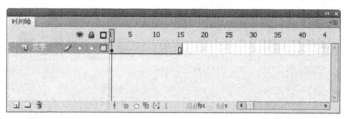

图 12-21　"文字"图层文字效果、参数设置和时间

（a）第 1 帧代码

（b）第 2 帧代码

（c）第 3 帧代码

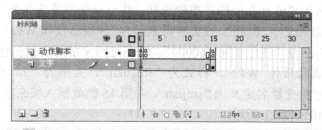

图 12-22　"动作脚本"图层各帧的代码和时间轴

（4）新建一个名为"成绩"的影片剪辑元件，按照时间元件中文字的制作方法和参数，输入静态文本"成绩"和动态文本，将动态文本变量名定义为"score"。文字效果和参数设置如图 12-23 所示。

图 12-23　"成绩"文字效果和参数设置

（5）返回"场景 1"，在"底图"图层上新建一个名为"时间/成绩"的图层，在第 2 帧处插入关键帧，将库中的"时间"和"成绩"两个元件拖入舞台，并将"时间"元件的实例对象命名为"shijian"，将"成绩"元件的实例对象命名为"chengji"。文字的位置和时间轴如图 12-24 所示。

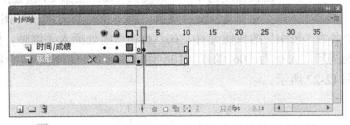

图 12-24　"时间/成绩"图层文字的效果和时间轴

（6）新建一个名为"仓鼠出来"的影片剪辑，将默认图层重命名为"草地"。在第 25 帧处插入帧延长画面，然后返回第 1 帧将素材中"素材与实例→project12→素材→砸仓鼠素材"目录下的"草地.jpg"图片导入到舞台，设置属性参数宽度为 121，高度为 94。新建一个名为"仓鼠 1"的图层，在第 4 帧处插入关键帧，将素材中"素材与实例→project12→素材→砸仓鼠素材"目录下的"仓鼠 1.jpg"图片导入到舞台并置于草地图形的中间。设置"仓鼠 1"的宽度为 140，高度为 140。在第 14 帧处插入关键帧加入脚本代码"gotoAndStop(1);"，跳转并停止在第 1 帧。最后清除第 15～25 帧，"仓鼠 1"图层效果、脚本代码和时间轴如图 12-25 所示。

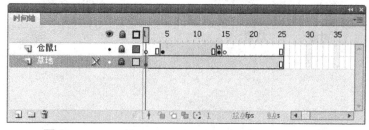

图 12-25　"仓鼠 1"图层效果、脚本代码和时间轴

（7）新建一个名为"仓鼠 2"的图层，在第 15 帧处插入关键帧，将素材中"素材与实例→project12→素材→砸仓鼠素材"目录下的"仓鼠 2.jpg"图片导入到舞台，置于草地图形的中间并与"仓鼠 1"重合。设置宽度为 140，高度为 140。在第 25 帧处插入关键帧并加入"gotoAndStop(1);"脚本代码。"仓鼠 2"图层效果、脚本代码和时间轴如图 12-26 所示。

（8）新建一个名为"按钮"的按钮元件，在"点击"帧处插入关键帧，使用【椭圆工具】绘制一个无边线的圆形，大小为 106 像素×106 像素，正好可以覆盖住仓鼠图像，"按钮"状态和时间轴如图 12-27 所示。

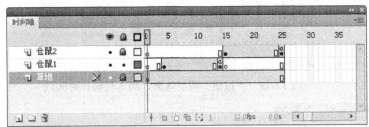

图 12-26　"仓鼠 2"图层效果、脚本代码和时间轴

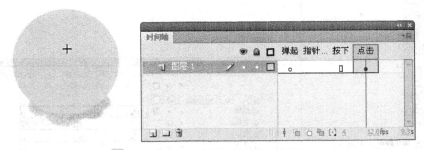

图 12-27　"按钮"状态和时间轴

（9）返回"仓鼠出来"的影片剪辑，在"仓鼠 2"图层上新建一个名为"按钮"的图层，在第 4 帧处插入关键帧，将库中的"按钮"元件拖入到舞台覆盖住仓鼠图像，将第 11 帧以后的所有帧清除。为"按钮"添加代码。当按钮按下时表示打中仓鼠，所以要在成绩变量上加 10 分，然后播放鼠标对象第 2 帧的动画，开始打下一个小仓鼠，并显示第 15 帧处仓鼠被打中后的图像。"按钮"图层效果、脚本代码和时间轴如图 12-28 所示。

（10）在"按钮"图层上新建一个名为"动作脚本"的图层，选中第 1 帧插入关键帧，添加脚本代码"stop();"控制动画停止在第 1 帧，脚本代码和时间轴如图 12-29 所示。

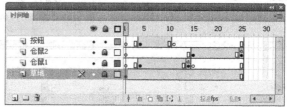

图 12-28　"按钮"图层效果、脚本代码和时间轴

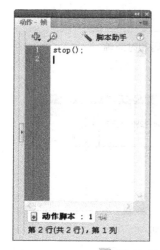

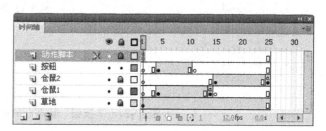

图 12-29　"脚本图层"第 1 帧的脚本代码和时间轴

　　（11）返回"场景 1"，在"时间/成绩"图层上新建一个名为"仓鼠"的图层，将库中的"仓鼠出来"元件拖入到舞台。设置实例对象的名称为"h1"，宽度为 121，高度为 94。再复制出多个实例对象到场景中，分别命名为"h2"、"h3"、…、"h8"。仓鼠位置与时间轴如图 12-30 所示。

　　（12）新建一个名为"鼠标"的影片剪辑元件，将素材中"素材与实例→project12→素材→砸仓鼠素材"目录下的"棒槌.jpg"图片导入到舞台。返回"场景 1"，在"仓鼠"图层上新建一个名为"鼠标"的图层，将库中的"鼠标"元件拖入到舞台。设置实例对象名称为"shubiao"，宽度为 150，高度为 182。并在第 2 帧和第 10 帧处插入关键帧。第 2 帧中脚本代码表示隐藏鼠标，并将成绩初始化为 0，第 10 帧中脚本代码表示动画结束后再显示鼠标。

脚本代码和时间轴如图 12-31 所示。

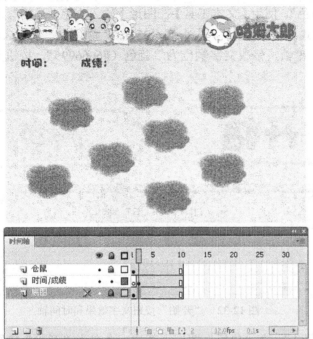

图 12-30 "仓鼠"图层中仓鼠位置和时间轴

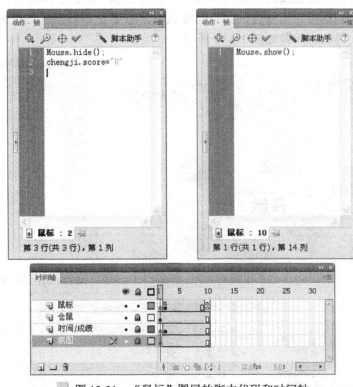

图 12-31 "鼠标"图层的脚本代码和时间轴

（13）新建一个名为"开始"的按钮元件，选中"弹起"帧，使用【矩形工具】绘制一个宽度 166，高度 48 的圆角矩形。设置笔触大小为 3.25，笔触颜色为"绿色（#006600）"，内部填充颜色为"白色"。使用【文本工具】在图形上输入文字"开始"，设置字符系列为"华康海报体 W12"，样式为"Regular"，大小为"35 点"，颜色为"红色（#CC0000）"。在"指针经过"帧处插入关键帧，修改文字颜色为"蓝色（#666699）"，按钮文字效果和时间轴如图 12-32 所示。

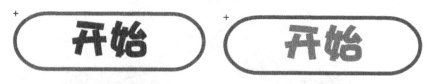

图 12-32 "开始"按钮文字效果和时间轴

（14）返回"场景 1"，在"鼠标"图层上新建一个名为"开始"的图层，将库中的"开始"按钮拖入到舞台。设置属性参数 X 为 187，Y 为 220，宽度为 166，高度为 48。为按钮添加脚本代码，控制动画开始播放，并且隐藏鼠标。将第 2 帧以后的帧全部清除，"开始"图层效果、脚本代码和时间轴如图 12-33 所示。

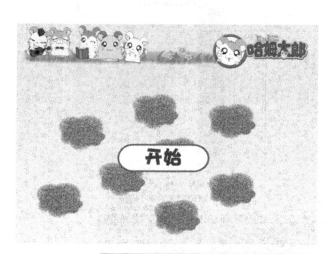

图 12-33 "开始"图层效果、脚本代码和时间轴

（15）新建一个名为"再玩一次"的按钮元件，按照"开始"按钮的制作方法来制作"再玩一次"按钮。按钮效果如图 12-34 所示。

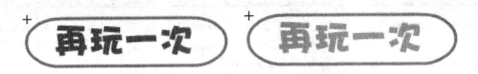

图 12-34　"再玩一次"按钮的效果

（16）返回"场景 1"，在"开始"图层上新建一个名为"再玩一次"的图层，在第 10 帧处插入关键帧，将库中的"再玩一次"元件拖入到舞台。设置属性参数 X 为 334，Y 为 334，宽度为 200，高度为 48。为"再玩一次"按钮添加脚本代码，控制动画从第 2 帧开始播放，并且隐藏鼠标。将第 9 帧之前的全部帧都清除。"再玩一次"图层效果、脚本代码和时间轴如图 12-35 所示。

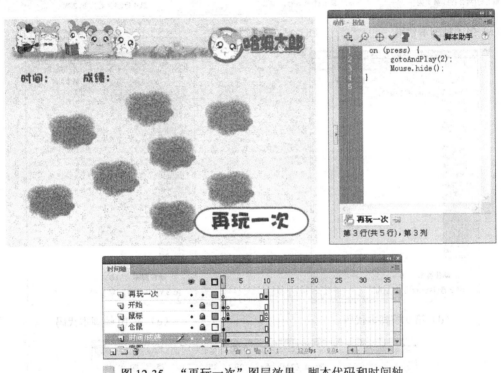

图 12-35　"再玩一次"图层效果、脚本代码和时间轴

（17）在"再玩一次"图层上新建一个名为"动作脚本"的图层，在第 1 帧处插入关键帧，加入如图 12-36（a）所示的脚本代码，让动画停止在第 1 帧。在第 2 帧处插入关键帧，加入如图 12-36（b）所示的脚本代码，设置 score 变量初始值为 0，开始拖动"shubiao"对象的棒槌图片，并且执行"shijian"对象第 1 帧的动画。在第 3 帧处插入关键帧，加入如图 12-36（c）所示的脚本代码，生成一个 8 以内的随机数，然后随机加载相应数值的影片剪辑实例对象并播放动画，实现随机跳出仓鼠的功能。在第 9 帧处插入关键帧，加入图 12-36（d）所示的代码，反复执行第 3 帧动画。在第 10 帧处插入关键帧，加入如图 12-36（e）所示的脚本代码，

并将第 10 帧的帧名称命名为"over"，表示该帧是结束帧，停止鼠标的拖动和动画的播放。脚本代码和时间轴如图 12-36 所示。

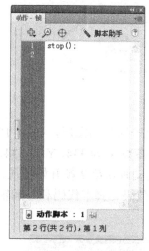

（a）第 1 帧脚本代码　　　　（b）第 2 帧脚本代码　　　　（c）第 3 帧脚本代码

（d）第 9 帧脚本代码　　　　　　　（e）第 10 帧脚本代码

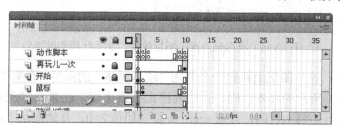

图 12-36　"动作脚本"图层的脚本代码和时间轴

项目十三 开心学英语——Flash 学习课件的制作

　　本实例设计的是以一个英文水果单词的学习为主题的交互式课件。各种卡通水果图案、标准的英语单词发音、诙谐幽默的动画形象等元素的使用使课件妙趣横生、活泼可爱，能够充分激发小朋友学习英语的兴趣。同时利用脚本来提供交互控制功能，使小朋友也能很简单、方便地操作课件，根据自己的兴趣进行学习。

任务一　制作首页动画

一、新建Flash文件

新建一个名为"英语课件"的 Flash（ActionScript 2.0）文件，选择【修改】→【文档】菜单命令，修改文档尺寸，设置文档宽度为 600 像素，高度为 450 像素，背景为灰色，帧频为30fps。

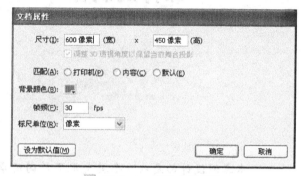

图 13-1　修改文档属性

二、制作卡通人物动画

1．导入背景1图片

将默认图层重命名为"背景 1"，将素材中"素材与实例→project13→素材"目录下的"背景 1.jpg"图片导入到舞台。修改图片尺寸同样为 600 像素×450 像素，相对于舞台对齐。选中场景中的图片右击，在弹出的快捷菜单中执行【转换为元件】命令，将图片转换为影片剪辑元件，命名为"背景动画"，如图 13-2 所示。

图 13-2　导入背景 1 素材

2．制作番茄妹的遮罩动画

（1）双击"背景动画"元件，进入元件编辑界面。在"图层 1"的第 200 帧处插入帧延长画面，然后在"图层 1"上新建一个名为"番茄"的图层，在第 10 帧处插入关键帧，将素材中"素材与实例→project13→素材"目录下的"番茄妹.png"图片导入到舞台。设置属性参数 X 为-191.9，Y 为 101.5，宽度为 142，高度为 142。在第 15 帧处插入关键帧，修改属性参数 X 为-114.9，Y 为 66.5。然后在第 10～15 帧之间创建传统补间，如图 13-3 所示。

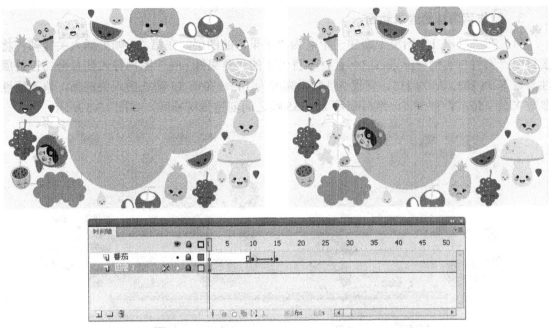

图 13-3 "番茄"图层的动画效果和时间轴

（2）在"番茄"图层上新建一个名为"遮罩 1"的图层，在第 10 帧处插入关键帧，利用【线条工具】绘制一个遮罩图形，设置遮罩图形的属性值 X 为-106.3，Y 为 67.3，宽度为 131.9，高度为 131.6。选中"遮罩 1"图层，右击，在弹出的快捷菜单中执行【遮罩层】命令，将"遮罩 1"图层转换为遮罩图层，"番茄"图层转换为被遮罩图层。"遮罩 1"图层的遮罩图形和时间轴如图 13-4 所示。

图 13-4 "遮罩 1"图层的遮罩图形和时间轴

3．制作苹果妹的遮罩动画

（1）在"遮罩 1"图层上新建一个名为"苹果"的图层，在第 25 帧处插入关键帧，将素材中"素材与实例→project13→素材"目录下的"苹果妹.png"图片导入到舞台。设置属性参数 X 为 202，Y 为 113，宽度为 142，高度为 142。在第 35 帧处插入关键帧，修改属性参数 X 为 156，Y 为 58.5。然后在第 25～35 帧之间创建传统补间，如图 13-5 所示。

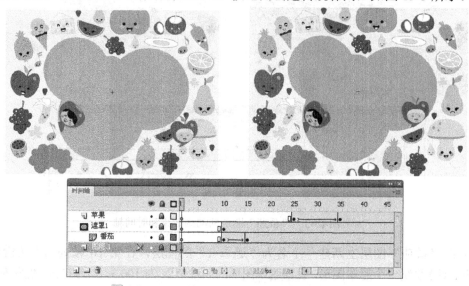

图 13-5 "苹果"图层的动画效果和时间轴

（2）在"苹果"图层上新建一个名为"遮罩 2"的图层，在第 25 帧处插入关键帧，利用【线条工具】绘制一个遮罩图形，设置遮罩图形属性 X 为-106.3，Y 为 67.3，宽度为 131.9，高度为 131.6。选中"遮罩 2"图层，右击，在弹出的快捷菜单中执行【遮罩层】命令，将"遮罩 2"图层转换为遮罩图层，"苹果"图层转换为被遮罩图层。"遮罩 2"图层的遮罩图形和时间轴如图 13-6 所示。

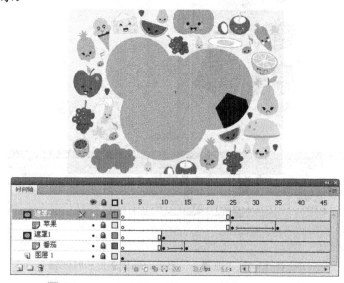

图 13-6 "遮罩 2"图层的遮罩图形和时间轴

三、制作文字动画

1. 制作"幼"字动画效果

新建一个名为"文字动画"的影片剪辑元件，默认图层重命名为"幼"。在第 1 帧处利用【文本工具】输入"幼"字，设置文本的字体为"华康海报体 W12"，大小为"64 点"，颜色为"白色"，并将文字转换为影片剪辑元件。设置属性参数 X 为-172.4，Y 为 0，Alpha 值为 80%，在 150 帧处插入帧并在之间创建补间动画，最后在第 30 帧处修改其 Alpha 值为 0%。"幼"字的放大淡出动画效果和时间轴如图 13-7 所示。

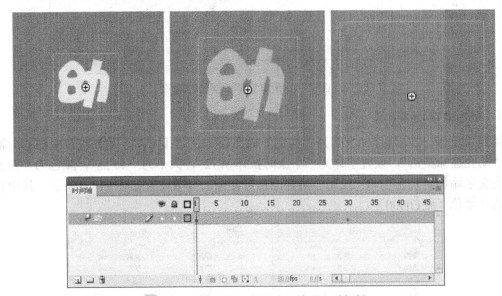

图 13-7 "幼"字的动画效果和时间轴

2. 制作"儿"字动画效果

新建一个名为"儿"的图层，在第 15 帧处插入关键帧，利用【文本工具】输入"儿"字，它的文本属性与"幼"字相同。将"儿"字转换为影片剪辑元件，设置属性参数 X 为-103.4，Y 为 0，Alpha 值为 80%，然后创建补间动画。在第 44 帧处修改 Alpha 值为 0%。"儿"字的动画效果与"幼"字相同，时间轴如图 13-8 所示。

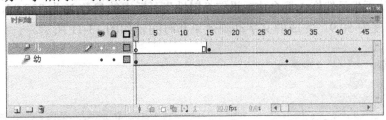

图 13-8 "儿"字的动画效果和时间轴

3. 制作其他文字的动画效果

按照前面制作"幼"字和"儿"字的方法，制作其他 4 个字的动画。分别新建 4 个名为"趣"、"味"、"英"和"语"的图层，并输入相应的文字，文字属性与"幼"字相同，再分别转换为影片剪辑元件。设置"趣"字的补间动画从第 30 帧开始，属性参数 X 为-34.4，Y 为 0，Alpha 值为 80%，在第 60 帧处修改 Alpha 值为 0%。"味"字的补间动画从第 45 帧开始，属性参数 X 为 34.6，Y 为 0，Alpha 值为 80%，在第 75 帧处修改 Alpha 值为 0%。"英"字的补间动画从第 60 帧开始，属性参数 X 为 103.6，Y 为 0，Alpha 值为 80%，在第 90 帧处修改 Alpha 值为 0%。"语"字的补间动画从第 75 帧开始，属性参数 X 为 172.6，Y 为 0，Alpha 值为 80%，在第 105 帧处修改 Alpha 值为 0%。所有文字图层的时间轴如图 13-9 所示。

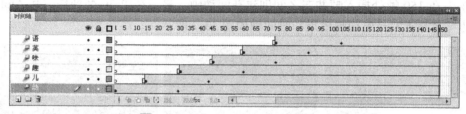

图 13-9　所有文字图层的时间轴

4．添加文字动画效果

返回"场景 1"，新建一个名为"文字"的图层，使用【文本工具】在背景图片上输入文字"幼儿趣味英语"，设置字体为"华康海报体 W12"，大小为"40 点"，颜色为"白色"。然后为文字添加"发光"和"投影"两种滤镜，滤镜的参数设置如图 13-10 所示。其中发光颜色为"橙色（#FF6600）"。

图 13-10　"投影"和"发光"滤镜参数设置

在"属性"面板中设置文本的位置 X 为 120，Y 为 157.7。依照同样的方法，在文字下面再制作一行"youer quwei yingyu"的文字。然后再新建一个名为"文字动画"的图层，将库中的"文字动画"元件拖入舞台中，设置"属性"面板中的参数 X 为 329.95，Y 为 180.55，宽度为 55，高度为 50.9。完成的文字动画效果和时间轴如图 13-11 所示。

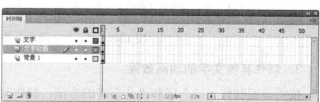

图 13-11　完成的文字动画效果和时间轴

四、添加控制按钮

1．制作精灵跳动影片剪辑

新建一个名为"精灵跳动"的影片剪辑元件，在第 1 帧中导入素材中"素材与实例→project13→素材"目录下的"小精灵.png"图片到舞台。利用【文本工具】在图片上输入"Enter"文字，设置字体为"华康海报体 W12"，大小为"55 点"。右击，在弹出的快捷菜单中执行【分离】命令将文字分开，设置"E"为"蓝色(#0099CC)"，"n"为"红色(#CC0000)"，"t"为"黄色(#FF9900)"，"e"为"绿色(#669900)"，"r"为"紫色(#6532FF)"。然后在第 15 帧处插入关键帧，选中图案并向上移动。最后在第 1～15 帧间创建传统补间，完成"精灵跳动"的动画效果，如图 13-12 所示。

2．添加进入按钮

新建一个名为"进入"的按钮元件，选中"弹起"帧，从库中将"精灵跳动"元件拖入舞台中。返回"场景 1"，在"背景 1"图层上新建一个名为"进入按钮"的图层，将库中的"进入按钮"元件拖入舞台，在"属性"面板中设置实例的位置 X 为 304.15，Y 为 282，宽度为 118，高度为 116。选中按钮对象，右击，在弹出的快捷菜单中执行【动作】命令，为按钮添加命令脚本。动画在第 1 帧的首页位置会停止，直到用户按下"进入"按钮才进入第 2 帧的学习界面，主场景中按钮的位置、脚本代码和时间轴如图 13-13 所示。

图 13-12　"精灵跳动"的动画效果和时间轴

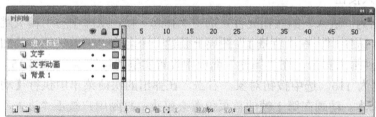

图 13-13　主场景中按钮的位置、脚本代码和时间轴

任务二　制作学习界面的动画

一、制作学习界面的背景

在"背景 1"图层上新建一个名为"背景 2"的图层，在第 2 帧处插入关键帧，将素材中"素材与实例→project13→素材"目录下的"背景 2.jpg"图片导入到舞台。修改图片尺寸为 600 像素×450 像素，相对于舞台对齐。在第 260 帧处插入帧延长画面，并将"背景 1"、"文字动画"、"进入按钮"图层分别延长至第 260 帧，然后将第 2～260 帧的所有帧清除。再选中"文字"图层，在第 2 帧处插入空白关键帧，复制第一帧中的"幼儿趣味英语"文字到该帧，设置文字的大小为"30 点"，位置为 X:193.95，Y:84.7。在第 260 帧处插入帧以延长画面，学习界面的背景和时间轴如图 13-14 所示。

图 13-14　学习界面的背景和时间轴

二、制作公鸡卡通动画

新建一个名为"公鸡"的影片剪辑元件，在第 1 帧处，将素材中"素材与实例→project13 →素材"目录下的"公鸡 1.png"图片导入到舞台，当提示是否导入图像序列时选择【是】，这样 3 幅公鸡的图片就逐帧导入舞台。然后将第 3 帧移动到第 20 帧处，第 2 帧移动到第 10 帧处。这样就完成了"公鸡"的关键帧动画，动画效果和时间轴如图 13-15 所示。

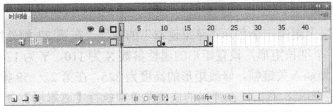

图 13-15　"公鸡"元件的动画效果和时间轴

然后返回"场景 1"，在"文字"图层上新建一个名为"公鸡"的图层，在第 2 帧处插入关键帧并将库中的"公鸡"元件拖入舞台，设置实例的属性参数 X 为 445.15，Y 为 248.65，宽度为 117，高度为 128.7。"场景 1"中公鸡的位置和时间轴如图 13-16 所示。

图 13-16　"场景 1"中公鸡的位置和时间轴

任务三　制作水果遮罩动画

一、制作苹果单词的动画

1. 制作苹果图层

在"公鸡"图层上新建一个名为"苹果"的图层，在第 22 帧处插入关键帧，从素材中

"素材与实例→project13→素材"目录下将"大苹果.png"图片导入到舞台，并将它转换成名为"苹果"的影片剪辑元件。在第 59 帧插入关键帧，然后清除之后的所有帧。再使用【文本工具】在苹果图像下面输入单词"Apple"，设置系列为"华康海报体 W12"，大小为"30点"，颜色为"桔红色（#FF3300）"，"苹果"图层效果和时间轴如图 13-17 所示。

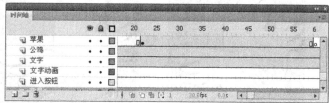

图 13-17　"苹果"图层的效果和时间轴

2. 制作遮罩图层

在"苹果"图层上新建一个名为"苹果遮罩"的图层，在第 22 帧处插入关键帧，使用【矩形工具】绘制一个细长矩形，设置矩形的属性参数 X 为 110，Y 为 124，宽度为 361.95，高度为 5。在第 59 帧插入关键帧，修改矩形的高度为 225，在第 22～59 帧间创建补间形状。再选择"苹果遮罩"图层，右击，在弹出的快捷菜单中执行【遮罩层】命令，将它转换为遮罩层，将"苹果"图层转换为被遮罩层，最后清除第 59 帧之后的所有帧，"苹果遮罩"图层的变形动画效果和时间轴如图 13-18 所示。

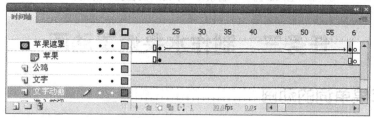

图 13-18　"苹果遮罩"图层的变形动画效果和时间轴

3．添加苹果的读音

在"苹果遮罩"图层上新建一个名为"苹果声音"的图层，在第 22 帧处插入关键帧，选择【文件】→【导入】→【打开外部库】菜单命令，打开素材中"素材与实例→project13→素材"目录下的"音频库.fla"文件，将音频"库"面板中的"apple.mp3"音频文件拖入舞台，完成苹果声音的添加，"苹果声音"图层的时间轴如图 13-19 所示。

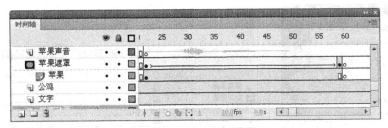

图 13-19　"苹果声音"图层的时间轴

二、制作梨单词的动画

在"苹果声音"图层上新建一个名为"梨"的图层，在第 60 帧和第 99 帧处插入关键帧。选中第 60 帧，从素材中"素材与实例→project13→素材"目录下将"大梨子.png"图片导入到舞台并将它转换成名为"梨子"的影片剪辑元件。再用【文本工具】输入单词"Pear"，文本属性与"Apple"单词相同。在第 99 帧插入关键帧，然后清除掉之后的所有帧。在"梨"图层上新建一个名为"梨遮罩"的图层，在第 60 帧和第 99 帧处插入关键帧。在第 60～99帧间创建补间形状，动画的内容和参数与"苹果遮罩"图层相同。再将"梨遮罩"图层转换为遮罩层，并清除掉第 99 帧之后的所有帧。在"梨遮罩"图层上新建一个名为"梨声音"的图层，在第 60 帧和第 99 帧处插入关键帧。选中第 60 帧，将音频库中的"pear.mp3"拖入舞台。"梨"图层效果和 3 个相关图层的时间轴如图 13-20 所示。

　图 13-20　"梨"图层效果和相关图层的时间轴

三、制作香蕉单词的动画

在"梨声音"图层上新建一个名为"香蕉"的图层，在第 100 帧和第 139 帧处插入关键帧。选中第 100 帧，从素材中"素材与实例→project13→素材"目录下将"大香蕉.png"图片导入到舞台并将它转换成名为"香蕉"的影片剪辑元件。再用【文本工具】输入单词"Banana"，文本属性与"Apple"单词相同。在第 139 帧插入关键帧，然后清除掉之后的所有帧。在"香蕉"图层上新建一个名为"香蕉遮罩"的图层，在第 100 帧和第 139 帧处插入关键帧。在第 100～139 帧间创建补间形状，动画的内容和参数与"苹果遮罩"图层相同。再将"香蕉遮罩"图层转换为遮罩层，并清除掉第 139 帧之后的所有帧。在"香蕉遮罩"图层上新建一个名为"香蕉声音"的图层，在第 100 帧和第 139 帧处插入关键帧。选中第 100帧，将音频库中的"banana.mp3"拖入舞台。"香蕉"图层效果和 3 个相关图层的时间轴如图 13-21 所示。

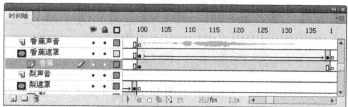

图 13-21　　"香蕉"图层效果和相关图层的时间轴

四、制作橙子单词的动画

在"香蕉声音"图层上新建一个名为"橙子"的图层，在第 140 帧和第 179 帧处插入关键帧。选中第 140 帧，从素材中"素材与实例→project13→素材"目录下将"大橙子.png"图片导入到舞台，并将它转换成名为"橙子"的影片剪辑元件。再用【文本工具】输入单词"Orange"，文本属性与"Apple"单词相同。在第 179 帧插入关键帧，然后清除掉之后的所有帧。在"橙子"图层上新建一个名为"橙子遮罩"的图层，在第 140 帧和第 179 帧处插入关键帧。在第 140～179 帧间创建补间形状，动画的内容和参数与"苹果遮罩"图层相同。再将"橙子遮罩"图层转换为遮罩层，并清除掉第 179 帧之后的所有帧。在"橙子遮罩"图层上新建一个名为"橙子声音"的图层，在第 140 帧和第 179 帧处插入关键帧。选中第 140帧，将音频库中的"orange.mp3"拖入到舞台。"橙子"图层效果和 3 个相关图层的时间轴如图 13-22 所示。

五、制作葡萄单词的动画

在"橙子声音"图层上新建一个名为"葡萄"的图层，在第 180 帧和第 219 帧处插入关键帧。选中第 180 帧，从素材中"素材与实例→project13→素材"目录下将"大葡萄.png"图片导入到舞台，并将它转换成名为"葡萄"的影片剪辑元件。再用【文本工具】输入单词"Grape"，文本属性与"Apple"单词相同。在第 219 帧插入关键帧，然后清除掉之后的所有帧。在"葡萄"图层上新建一个名为"葡萄遮罩"的图层，在第 180帧和第 219 帧处插入关键帧。在第 180～219 帧间创建补间形状，动画的内容和参数与"苹果遮罩"图层相同。再将"葡萄遮罩"图层转换为遮罩层，并清除掉第 219 帧之后的所有帧。在"葡萄遮罩"图层上新建一个名为"葡萄声音"的图层，在第 180 帧和第 219帧处插入关键帧。选中第 180 帧，将音频库中的"grape.mp3"拖入舞台。"葡萄"图层效果和 3 个相关图层的时间轴如图 13-23 所示。

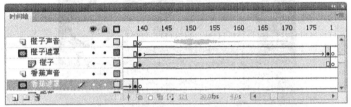

图 13-22　"橙子"图层效果和相关图层的时间轴

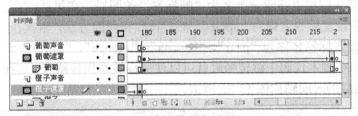

图 13-23　"葡萄"图层效果和相关图层的时间轴

六、制作西瓜单词的动画

在"葡萄声音"图层上新建一个名为"西瓜"的图层，在第 220 帧和第 260 帧处插入关键帧。选中第 220 帧，从素材中"素材与实例→project13→素材"目录下将"大西瓜.png"图片导入到舞台，并将它转换成名为"西瓜"的影片剪辑元件。再用【文本工具】输入单词

"Watermelon"，文本属性与"Apple"单词相同。在第 260 帧插入关键帧，然后清除掉之后的所有帧。在"西瓜"图层上新建一个名为"西瓜遮罩"的图层，在第 220 帧和第 260 帧处插入关键帧。在第 220～260 帧间创建补间形状，动画的内容和参数与"苹果遮罩"图层相同。再将"西瓜遮罩"图层转换为遮罩层，并清除掉第 220 帧之后的所有帧。在"西瓜遮罩"图层上新建一个名为"西瓜声音"的图层，在第 220 帧和第 260 帧处插入关键帧。选中第 220 帧，将音频库中的"watermelon.mp3"拖入舞台。"西瓜"图层效果和 3 个相关图层的时间轴如图 13-24 所示。

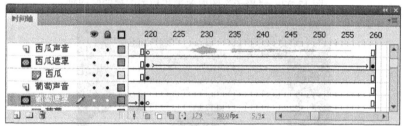

图 13-24　"西瓜"图层效果和相关图层的时间轴

七、添加帧标签和帧动作

1．添加帧标签

在"西瓜声音"图层上新建一个名为"帧标签"的图层，在第 22 帧处插入关键帧。在帧"属性"面板中设置标签名称为"apple"。然后按照相同的方法，依次在第 60、100、140、180 和 220 帧处设置标签名称为"pear"、"banana"、"orange"、"grape"和"watermelon"，定义好帧标签后，在脚本代码中跳转帧时就可以使用标签来代替帧号，这样更容易理解和维护。"帧标签"图层的时间轴如图 13-25 所示。

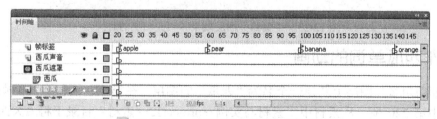

图 13-25　"帧标签"图层的时间轴

2．添加帧动作

在"帧标签"图层上新建一个名为"as"的图层，分别在第 1、21、59、99、139、179、219 和 260 帧处右击，在弹出的快捷菜单中执行【动作】命令，添加脚本代码"stop();"，这样做可以在首页、学习界面和每个单词发音后等停止播放动画，等待用户单击控制按钮来决定执行哪段动画。"as"图层的时间轴如图 13-26 所示。

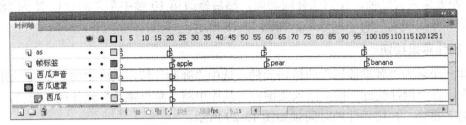

图 13-26　"as"图层的时间轴

任务四　制作单词控制按钮

一、制作水果按钮底图

在"公鸡"图层上新建一个名为"按钮底"的图层，在第 2 帧处插入关键帧，利用【矩形工具】在舞台下方绘制一个笔触为 3，线条颜色为"绿色（#2A4D23）"，内部填充颜色为"白色"的矩形，在"属性"面板中设置矩形的位置 X 为 101，Y 为 375.3，宽度为 402.9，高度为 56。图层效果和时间轴如图 13-27 所示。

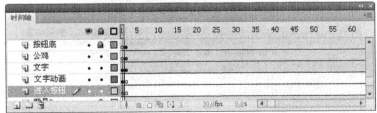

图 13-27　"按钮底"图层的效果和时间轴

二、制作苹果单词控制按钮

1．制作苹果跳动效果

新建一个名为"苹果跳动"的影片剪辑元件，从素材中"素材与实例→project13→素材"目录下将"苹果.png"图片导入到舞台并转换为图形元件，设置它的位置 X 为 28，Y 为 28，在第 10 帧处插入关键帧，并创建补间动画，然后修改第 10 帧中苹果的位置 X 为 28，Y 为 24，完成"苹果跳动"的动画效果，如图 13-28 所示。

2．制作苹果按钮

新建一个名为"苹果按钮"的按钮元件，选中"弹起"帧，从库中将"苹果"图形元件拖入舞台，在"指针经过"帧上插入关键帧，从库中将"苹果跳动"元件拖入舞台，并将两个图形对齐重合，按钮元件的时间轴如图 13-29 所示。

3．添加苹果按钮和控制代码

返回"场景 1"，在"按钮底"图层上新建一个名为"水果按钮"的图层，在第 2 帧处插入关键帧，从库中将"苹果按钮"拖入舞台，放在白色矩形框左侧，再选中"苹果按钮"右击，在弹出的快捷菜单中执行【动作】命令，加入脚本代码，使用户单击该按钮时能跳转到标签为"apple"的帧去执行苹果单词的发音遮罩动画。"苹果按钮"的位置、脚本代码及时间轴如图 13-30 所示。

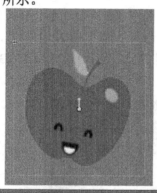

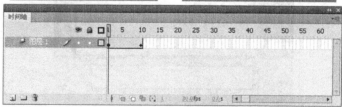

图 13-28 "苹果跳动"的动画效果和时间轴

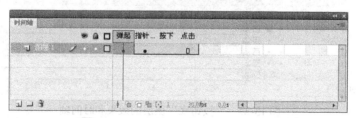

图 13-29 "苹果按钮"的时间轴

图 13-30　"苹果按钮"的位置、脚本代码和时间轴

三、制作香蕉单词控制按钮

1．制作香蕉跳动效果

新建一个名为"香蕉摇摆"的影片剪辑元件，从素材中"素材与实例→project13→素材"目录下将"香蕉.png"图片导入到舞台并转换为图形元件，在第 20 帧处插入关键帧并创建补间动画。在第 10 帧处利用【旋转工具】将香蕉向左旋转，在第 20 帧再将香蕉向右旋转，完成"香蕉摇摆"的动画效果，如图 13-31 所示。

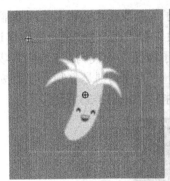
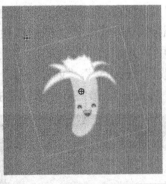
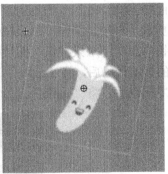

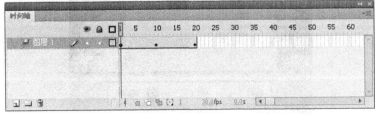

图 13-31　"香蕉摇摆"的动画效果和时间轴

2．完成香蕉按钮的添加

首先，新建一个名为"香蕉按钮"的按钮元件，在弹起帧处拖入"香蕉"图形元件，在"指针经过"帧处拖入"香蕉摇摆"元件，并将两个图形对齐重合。然后返回"场景1"，在"水果按钮"图层中拖入"香蕉按钮"元件并放在"苹果按钮"旁边，最后再选中"香蕉按钮"右击，在弹出的快捷菜单中执行【动作】命令，加入脚本代码，使用户单击该按钮能跳转到标签为"banana"的帧去执行。"香蕉按钮"的位置和脚本如图13-32所示。

四、完成其他按钮的添加

按照制作"苹果跳动"影片剪辑的方式制作"梨跳动"影片剪辑和"葡萄跳动"影片剪辑，再按照"苹果按钮"的方式制作"梨按钮"和"葡萄按钮"，然后将这两个按钮添加到"水果按钮"图层中，并添加脚本代码，"梨按钮"的代码是复制"苹果按钮"的脚本代码，并将其中的"apple"改为"pear"，"葡萄按钮"中的代码是复制"苹果按钮"的脚本代码后，将其中的"apple"改为"grape"。

图13-32　"香蕉按钮"的位置和脚本代码

同样，按照制作"香蕉摇摆"影片剪辑的方式制作"橙子摇摆"影片剪辑和"西瓜摇摆"影片剪辑，再按照制作"苹果按钮"的方式制作"橙子按钮"和"西瓜按钮"，最后将这两个按钮添加到"水果按钮"图层中，并添加脚本代码，"橙子按钮"的代码是复制"苹果按钮"的脚本代码后，将"apple"改为"orange"，"西瓜按钮"中的代码则是复制"苹果按钮"的脚本代码后，将"apple"改为"grape"。最终6个按钮的排列如图13-33所示。

图13-33　6个水果按钮的排列位置

这样"英语课件"就制作完成了。选择【控制】→【测试影片】菜单命令测试影片，得到如图 13-34 所示的动画效果。

图 13-34 "英语课件"的最终动画效果

实训演练

设计一个关于"凸透镜成像原理"的物理课件，具体操作步骤如下。

（1）新建一个名为"物理课件"的 Flash（ActionScript 2.0)文件，选择【修改】→【文档】菜单命令，修改文档尺寸，设置文档宽度为 550 像素，高度为 400 像素，背景色为黑色，帧频为 30fps。

（2）将默认图层重命名为"标题"，使用【文本工具】输入"凸透镜成像原理"的文字。设置字符系列为"黑体"，样式为"Regular"，大小为"36 点"，颜色为"浅灰（#CCCCCC)"，如图 13-35 所示。

图 13-35 标题文字效果

（3）新建一个名为"蜡烛"的影片剪辑元件，双击进入元件编辑界面，将默认图层重命名为"烛身"，利用【矩形工具】在舞台上绘制一个无线条的细长矩形。在"颜色"面板中设置类型为"线性"，颜色条从左到右的颜色依次为"#A5021D"、"#CC3710"、"#A2031F"。

并在第 60 帧处插入帧延长画面，如图 13-36 所示。

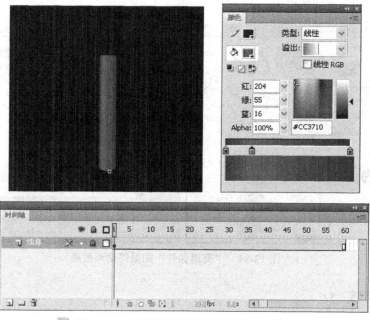

图 13-36 "烛身"效果、颜色设置和时间轴

（4）在"烛身"图层上新建一个名为"蓝光"的图层，利用【椭圆工具】在烛身上方绘制一个颜色为"蓝色（#0066CC）"，Alpha 值为 57% 的无线条椭圆形，如图 13-37 所示。

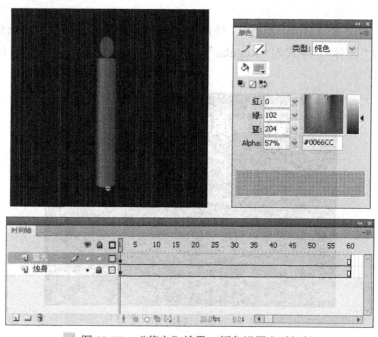

图 13-37 "蓝光"效果、颜色设置和时间轴

（5）在"蓝光"图层上新建一个名为"火焰"的图层，在第 1 帧处绘制一个颜色为白色的图形覆盖住"蓝光"图形，在第 15 帧插入关键帧，调整火焰的形状并在第 1～15 帧间创

建补间形状。在第 30 帧插入关键帧，调整火焰的形状并在第 15～30 帧间创建补间形状。在第 45 帧插入关键帧，调整火焰的形状并在第 30～45 帧间创建补间形状。在第 60 帧插入关键帧，调整火焰的形状并在第 45～60 帧间创建补间形状。动画效果和时间轴如图 13-38 所示。

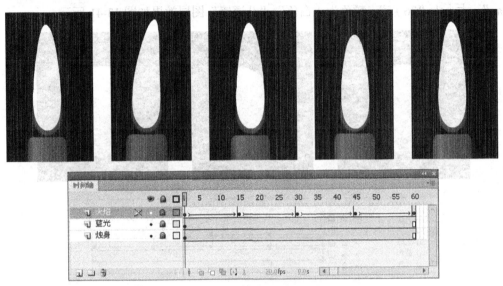

图 13-38   "火焰"变形动画效果和时间轴

（6）在"火焰"图层上新建一个名为"烛芯"的图层，利用【椭圆工具】在火焰内部绘制一个椭圆，在"颜色"面板中设置类型为"放射状"，颜色条从左到右的颜色依次为"#391E19"、"#7F361B"、"#BE600C"、"#EA9326"、"#FBCC5E"、"#FCF1B2"和"#FFFFFF"。"烛芯"效果和颜色设置如图 13-39 所示。

图 13-39   "烛芯"效果和颜色设置

（7）在"烛芯"图层的第 15 帧插入关键帧，调整烛芯的形状并在第 1～15 帧间创建补间形状。在第 30 帧插入关键帧，调整烛芯的形状并在第 15～30 帧间创建补间形状，动画过程和时间轴如图 13-40 所示。

（8）返回"场景 1"，在"标题"图层上新建一个名为"凸透镜"的图层，利用【线条工具】在舞台中绘制一条直线，在"属性"面板中设置位置参数 X 为 0.1，Y 为 252.9，笔触为 0.1，样式为极细。将素材中"素材与实例→project13→素材"目录下的"凸透镜.png"图片导入到舞台，并将其转换为影片剪辑元件，命名为"凸透镜"。在"属性"面板中设置实例名称为"ttj"，位置参数 X 为 228.8，Y 为 252.9，宽度为 8，高度为 141.5。然后利用【文本工具】在"凸透镜"元件上方输入字母"L"，设置字母的位置参数 X 为 217.65，Y 为 145.3，系列为"Times New Roman"，大小为"36 点"，颜色为"白色"。"凸透镜"图层效果如图 13-41 所示。

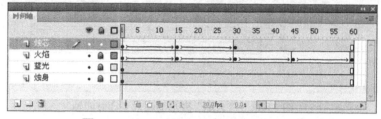

图 13-40 "烛芯"动画过程和时间轴

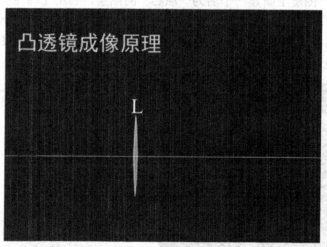

图 13-41 "凸透镜"图层效果

（9）在"凸透镜"图层上新建一个名为"焦点"的图层，将素材中"素材与实例→project13→素材"目录下的"焦点.png"图片导入到舞台并转换为影片剪辑元件，命名为"焦点"。在"属性"面板中设置焦点实例的名称为"jd2"，位置参数 X 为 68.8，Y 为 252.9，宽度为 6，高度为 6，样式色调为"黄色（FFFF00）"。"jd2"的位置和属性设置如图 13-42 所示。

（10）继续将库中的"焦点"元件拖入舞台，在元件"属性"面板中设置实例名称为"jd"，位置参数 X 为 148.8，Y 为 252.9，宽度为 8，高度为 8，样式为无。并利用【文本工具】在该元件下方输入字母"F"设置字母"F"的位置参数 X 为 139.2，Y 为 257.4，系列为"Times New Roman"，大小为"24 点"，颜色为"白色"。再拖入一个"焦点"元件到舞台，在元件"属性"面板中设置实例名称为"jd1"，位置参数 X 为 308.8，Y 为 252.9，宽度为 8，高度为 8，样式为无。并输入字母"F'"，字母的位置参数 X 为 299.35，Y 为 259.1，系列为"Times New Roman"，大小为"24 点"，颜色为"白色"。最后再拖入一个"焦点"元件，在元件"属性"面板中设置位置参数 X 为 388.8，Y 为 252.9，宽度为 6，高度为 6，样式色调为黄色（FFFF00）。所有焦点的位置和样式如图 13-43 所示。

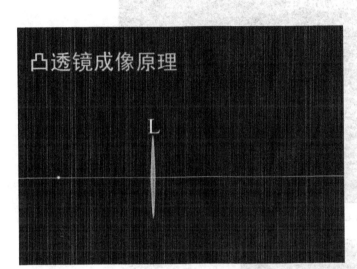

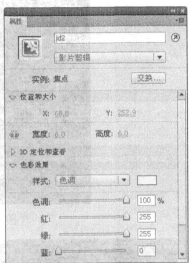

图 13-42　"jd2"的位置和属性设置

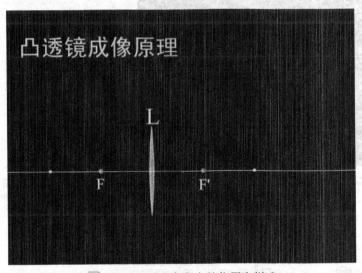

图 13-43　4 个焦点的位置和样式

（11）在"焦点"图层上新建一个名为"蜡烛"的图层，将库中的"蜡烛"元件拖入到舞台中，并设置实例名称为"wu"，位置参数 X 为 55.5，Y 为 252.7，宽度为 6.7，高度为 64.3。再从库中拖出两个"蜡烛"元件到舞台中，一个实例命名为"xux"，位置参数 X 为 192.8，Y 为 252.7，宽度为 6.7，高度为 64.3。另一个实例名称为"shix"，垂直翻转后，设置位置参数 X 为

458.3，Y 为 253.9，宽度为 6.7，高度为 64.3。所有蜡烛的效果如图 13-44 所示。

（12）在"蜡烛"图层上新建一个名为"规律"的图层，利用【文本工具】在舞台上绘制一个动态文本框，在"属性"面板中设置动态文本的位置参数 X 为 276，Y 为 74，宽度为 234.9，高度为 124，系列为"黑体"，大小为"18"点，颜色为"白色"，选项中变量名设置为"guilv_txt"。动态文本属性设置、效果和时间轴如图 13-45 所示。

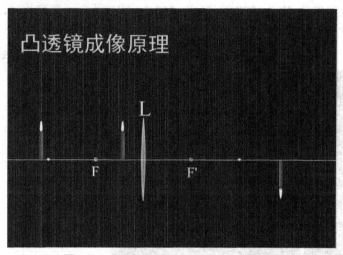

图 13-44　所有蜡烛实例的位置和效果

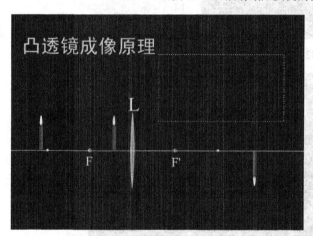

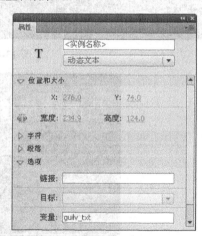

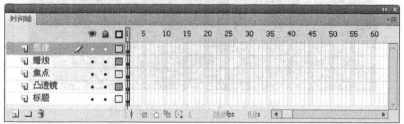

图 13-45　动态文本属性设置、效果和时间轴

（13）选中名称为"wu"的蜡烛实例对象，右击，在弹出的快捷菜单中执行【动作】命令，进入"脚本编辑界面"，输入脚本代码如图 13-46 所示。代码解释详见注释。

（14）添加完脚本代码，凸透镜成像原理的课件就制作完成了。测试影片得到如图 13-47 所示的效果。

```
onClipEvent (mouseMove) { startDrag("", true, 0, 252.7, 228.8, 252.7);}  //鼠标移动时拖动实例对象左右移动
onClipEvent (enterFrame) {
    if (_parent.wu._x>_parent.jd._x+1) {  //蜡烛在一倍焦距之内
        _parent.guilv_txt = "当蜡烛到凸透镜的距离小于一倍焦距时(u<f)，成正立放大的虚像(v<0)。";
    } else if (_parent.wu._x<_parent.jd._x-1 && _parent.wu._x>_parent.jd2._x+1) {  //蜡烛在两倍和一倍焦距之间
        _parent.guilv_txt = "当蜡烛到凸透镜的距离大于一倍焦距小于二倍焦距时(f<u<2f)，成倒立放大的实像(v>2f)。";
    } else if (_parent.wu._x<=_parent.jd2._x+1 && _parent.wu._x>=_parent.jd2._x-1) {  //蜡烛在二倍焦距处
        _parent.guilv_txt = "当蜡烛到凸透镜的距离等于二倍焦距时(u=2f)，成倒立等大的实像(v=2f)。";
    } else if (_parent.wu._x<_parent.jd2._x-1) {  //蜡烛在两倍焦距之外
        _parent.guilv_txt = "当蜡烛到凸透镜的距离大于二倍焦距时(u>2f)，成倒立缩小的实像(f<v<2f)。";
    } else {  //蜡烛一倍焦距处
        _parent.guilv_txt = "当蜡烛到凸透镜的距离等于一倍焦距时(u=f)，不能成像。";
    }
    f = _parent.ttj._x-_parent.jd._x;  //凸透镜与焦点之间的距离
    u = _parent.ttj._x-_parent.wu._x;  //凸透镜与蜡烛实物之间的距离
    x2 = f*u/(u-f);  //计算比例关系
    H1 = _parent.wu._height;
    W1 = _parent.wu._width;
    H2 = Math.abs(x2/u)*H1;
    W2 = Math.abs(x2/u)*W1;
    if (_parent.wu._x<_parent.jd._x-1) {  //大于一倍焦距时显示倒立的实像、虚像隐藏
        _parent.shix._x = x2+_parent.ttj._x;  //设置实像位置
        _parent.shix._y = _parent.ttj._y;
        _parent.shix._height = H2;  //设置实像大小
        _parent.shix._width = W2;
        _parent.shix._alpha = 80;  //显示实像
        _parent.xux._alpha = 0;  //隐藏虚像
    } else if (_parent.wu._x>_parent.jd._x+1) {  //小于一倍焦距时显示虚像、实像隐藏
        _parent.xux._x = x2+_parent.ttj._x;  //设置虚像位置
        _parent.xux._y = _parent.ttj._y;
        _parent.xux._height = H2;  //设置虚像大小
        _parent.xux._width = W2;
        _parent.xux._alpha = 60;  //显示虚像
        _parent.shix._alpha = 0;  //隐藏实像
    } else {  //其它情况下虚像和实像都隐藏
        _parent.shix._alpha = 0;
        _parent.xux._alpha = 0;
    }
}
```

图 13-46　实现凸透镜成像的脚本代码

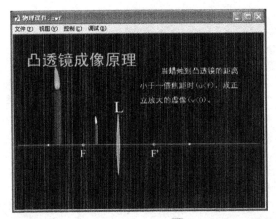
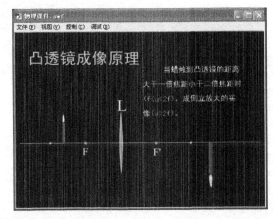

图 13-47　凸透镜成像的最终动画效果

项目十四 小小童乐园——Flash 网站的制作

　　本实例综合前面学习的内容，设计了一个以学龄前儿童的学习和娱乐为主题的 Flash 网站。首先，将前面设计的蝴蝶动画、风车动画、文字动画和导航按钮等内容集成在一起制作一个网站的首页，再通过导航按钮的二级菜单命令，利用 URL 链接将电子贺卡、电子相册、Flash 游戏和电子课件 4 个综合项目中的实例整合在一起，形成一个完整的 Flash 网站，为全书完成一个精彩的总结。

任务一　制作网站首页动画

一、新建 Flash 文件

新建一个名为"小小童乐园"的 Flash 文件（ActionScript 2.0），选择【修改】→【文档】菜单命令，打开如图 14-1 所示的"文档属性"对话框，设置文档宽度为 800 像素，高度为 450 像素，背景颜色为灰色，帧频为 30fps，单击【确定】按钮完成设置。

图 14-1　"文档属性"属性

二、导入背景图片

将默认图层重命名为"背景"，将素材中"素材与实例→project14→素材→小小童乐园"目录下的"首页.jpg"图片导入到舞台。调整图片使它正好覆盖住舞台，在第 21 帧处插入帧来延长画面。时间轴如图 14-2（a）所示，"背景"图层效果如图 14-2（b）所示。

三、添加蝴蝶关键帧动画

在"背景"图层上新建一个名为"蝴蝶"的图层，选择【文件】→【导入】→【打开外部库】菜单命令，导入素材中"素材与实例→project10→实例"目录下"母亲节贺卡.fla"文件的库，将库中的"蝴蝶"影片剪辑元件拖入到舞台，设置蝴蝶的位置参数 X 为 12，Y 为:202.8，宽度为 131，高度为 130。"蝴蝶"图层的效果和时间轴如图 14-3 所示。

四、添加风车补间动画

在"蝴蝶"图层上新建一个名为"风车"的图层，选择【文件】→【导入】→【打开外部库】菜单命令，导入素材中"素材与实例→project08→实例"目录下"儿童网站按钮.fla"文件的库，将库中的"风车转"影片剪辑元件拖入到舞台，设置它的位置参数 X 为 682，Y 为 322，宽度为 208，高度为 199.6。再复制一个"风车转"影片剪辑元件，设置第二个风车的位置参数 X 为 663.4，Y 为 366.9，宽度为 101，高度为 99.7。利用【线条工具】在两个风车下面绘制出笔触颜色为"绿色（#66B323）"，笔触为 2 的手柄。"风车"图层效果和时间轴如图 14-4 所示。

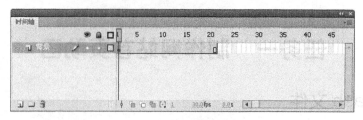

（a）时间轴

（b）背景图层效果

图 14-2　导入背景图片

图 14-3　"蝴蝶"图层的效果和时间轴

图 14-4　风车转动画

五、添加文字动画效果

在"风车"图层上新建一个名为"文字"的图层，选择【文件】→【导入】→【打开外部库】菜单命令，导入素材中"素材与实例→project14→素材→小小童乐园"目录下"动态文字素材.fla"文件的库，将库中"儿童快乐课堂"影片剪辑元件拖入到舞台。设置该元件的位置参数 X 为 265，Y 为 273.35，宽度为 64，高度为 62。"文字"动画的位置和时间轴如图 14-5 所示。

图 14-5　"文字"动画的位置和时间轴

六、制作白云飘补间动画

1. 制作白云飘元件

新建一个名为"白云飘"的影片剪辑元件，在"图层 1"的第 1 帧中导入素材中"素材与实例→project14→素材→小小童乐园"目录下的"白云.png"文件，设置白云的位置参数 X 为-20，Y 为-166。在第 400 帧处插入关键帧，在其间创建补间动画，设置第 400 帧的位置参数 X 为-846.3，Y 为-154.7。再新建一个图层，在第 200 帧处插入关键帧，并复制一个白云的元件对象，设置第二朵白云的位置参数 X 为 61，Y 为-162，宽度为 196，高度为 148。在第 400 帧处插入关键帧并创建补间动画，将第 400 帧中白云的位置参数改为 X:-370，

Y:-152。两朵白云的位置和时间轴如图 14-6 所示。

图 14-6　两朵白云的位置和时间轴

2．添加白云飘元件

返回"场景 1"，在"文字"图层上新建一个名为"白云"的图层，将库中的"白云飘"元件拖入到舞台，设置"白云飘"的位置参数 X 为 451.5，Y 为 174.4，宽度为 248，高度为 161。"白云"图层的效果和时间轴如图 14-7 所示。

图 14-7　"白云"图层的效果和时间轴

任务二 添加导航链接

一、添加导航按钮

在"白云"图层上新建一个名为"导航栏"的图层，选择【文件】→【导入】→【打开外部库】菜单命令，导入素材中"素材与实例→project14→素材→小小童乐园"目录下"导航栏按钮.fla"文件的库，将库中的"导航栏下拉菜单"影片剪辑元件拖入舞台中。在"属性"面板中设置参数 X 为 462，Y 为 226，宽度为 432，高度为 25。最后修改完的导航按钮位置和时间轴如图 14-8 所示。

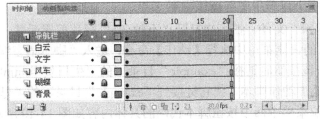

图 14-8　导航按钮的位置和时间轴

二、制作实例网页

1. 制作生日贺卡网页

打开素材中"素材与实例→project10→实例"目录下"生日贺卡.fla"文件，选择【文件】→【发布设置】菜单命令，打开"发布设置"对话框，在"HTML"选项卡中按照如图 14-9 所示的参数进行 HTML 网页【发布】设置，然后单击【发布】按钮，则在相同目录下除了生成.swf文件外，还生成一个.html 文件。

2. 制作其他实例的网页

用相同的方法分别将"母亲节贺卡"、"阳光宝贝"、"猫咪物语"、"智力拼图"、"砸仓鼠"和"卡通水果英语课件"等六个.fla 文件发布生成.html 网页。然后在"素材与实例→project14→素材→小小童乐园"目录下新建一个名为"example"的文件夹，分别将前面发布的 7 个实例动画的.swf 文件和.html 文件拷贝到"example"文件夹中（注意：不能只拷贝.html 文件，一定要把.swf 文件也复制过去，否则不能显示）。

图 14-9　生日贺卡的发布参数设置

三、添加 URL 链接

1．添加电子贺卡下拉菜单中的按钮脚本

返回"小小童乐园"文件，在库中打开"下拉 01"影片剪辑元件，选择"生日贺卡"按钮，右击，在弹出的快捷菜单中执行【动作】命令，进入"脚本语言编辑"界面，输入控制代码，使鼠标单击该按钮时链接"example"目录下的"生日贺卡.html"文件。然后再为"母亲节"贺卡按钮添加动作脚本，使它链接到"example"目录下的"母亲节贺卡.html"文件。"电子贺卡"下拉菜单中两个按钮脚本代码的具体内容如图 14-10 所示。

图 14-10　"电子贺卡"下拉菜单中两个按钮的脚本代码

2．添加电子相册下拉菜单中的按钮脚本

在库中打开"下拉 02"影片剪辑元件，选择"阳光宝贝"按钮，右击，在弹出的快捷菜单中执行【动作】命令，进入"脚本语言编辑"界面，复制"生日贺卡"按钮中的脚本代码，将"生日贺卡"几个字改为"阳光宝贝"。然后再为"猫咪物语"按钮添加脚本代码，同样复制"生日贺卡"按钮中的脚本代码，将"生日贺卡"几个字改为"猫咪物语"。"电子相册"下拉菜单中两个按钮的脚本代码如图 14-11 所示。

图 14-11　"电子相册"下拉菜单中两个按钮的脚本代码

3．添加益智园下拉菜单中的按钮脚本

按照同样的方法，为"益智园"下拉菜单中的"智力拼图"和"砸仓鼠"两个按钮添加脚本代码，如图 14-12 所示。

图 14-12　"益智园"下拉菜单中两个按钮的脚本代码

4．添加学习课件下拉菜单中的按钮脚本

由于"物理课件"中凸透镜成像原理的知识不符合学龄前儿童，为此"学习课件"下拉菜单中只有"英语课件"一个按钮。为它添加的脚本如图 14-13 所示。

图 14-13 "英语课件"按钮的动作脚本代码

任务三 发布网站

返回"场景 1"，选择【文件】→【发布设置】菜单命令，打开"发布设置"对话框，在"HTML"选项卡中按照如图 14-14 所示的参数进行 HTML 网页发布设置，然后单击【发布】按钮，则在相同目录下生成一个.swf 文件和一个.html 文件。

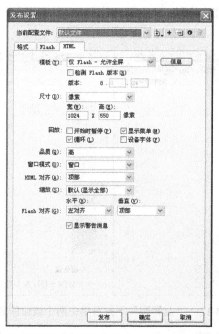

图 14-14 "小小童乐园"的发布参数设置

在"发布设置"的参数中，最重要的是尺寸，在不同大小和分辨率的显示器中网页显示的尺寸会不同，实际操作时可以反复修改尺寸参数，以得到在浏览器中的显示最佳效果。最终发布后在浏览器中显示的效果如图 14-15 所示。

图 14-15　"小小童乐园"最终发布后在浏览器中显示的效果

 实训演练 ◄·

为了将前面项目中设计的风格各异、尺寸不一的实例整合在一起，"小小童乐园"网站采用 HTML 链接的方式来实现网站的设计，下面我们再介绍另一种制作 Flash 网站的方法。在首页中使用统一的框架，具体的网站内容也显示在同一个框架中，并完全利用 ActionScript 脚本代码完成页面的跳转。网站制作的具体操作步骤如下。

（1）新建一个名为"速写天津"的 Flash（ActionScript 2.0)文件，设置文档尺寸，宽度为 760 像素，高度为 515 像素，背景色为黑色，帧频为 12fps。

（2）新建一个名为"底 1"的影片剪辑元件，利用【矩形工具】绘制一个填充颜色为"灰色（#424F58)"，宽度为 145，高度为 444.9，弧度为 15 的无边线圆角矩形。再建一个名为"底 2"的影片剪辑元件，利用【矩形工具】绘制一个填充颜色为"灰色（#353E4D)"，宽度为 530，高度为 445，弧度为 15 的无边线圆角矩形。按照通用的方法创建名为"底 3"的影片剪辑元件，绘制一个填充颜色为"灰色（#353E4D)"，宽度为 530，高度为 445，弧度为 15 的无边线圆角矩形。返回"场景 1"，将默认图层重命名为"矩形边框"。将库中的"底 1"、"底 2"和"底 3"3 个元件拖到舞台的合适位置上，并在第 120 帧处插入帧来延长画面。矩形边框图层的效果和时间轴如图 14-16 所示。

（3）在"矩形边框"图层上新建一个名为"内容区域底色"的图层，使用【矩形工具】绘制一个填充颜色为"黑色"，宽度为 366，高度为 425，弧度为 10 的无边线圆角矩形，设置矩形位置参数 X 为 211，Y 为 45。"内容区域底色"图层效果和时间轴如图 14-17 所示。

图 14-16　"矩形边框"图层效果和时间轴

图 14-17　"内容区域底色"图层效果和时间轴

（4）新建一个名为"按钮底"的影片剪辑元件，利用【矩形工具】在舞台上绘制一个圆角矩形，它的填充类型为"线性"，颜色从左到右依次为"橙色（##F99706）"、"黄色（#F9C806）"、"浅黄色（#FDFD35）"，弧度为 10，笔触为 0.1，颜色为"灰白色（#CCCCCC）"。设置矩形宽度为 98，高度为 100，圆角矩形效果和渐变色参数设置如图 14-18 所示。

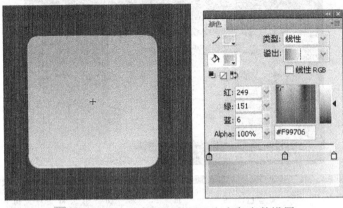

图 14-18 圆角矩形效果和渐变色参数设置

（5）新建一个名为"印象"的影片剪辑元件进入元件编辑界面，将默认图层重命名为"底色"，将库中的"按钮底"元件拖入舞台中，设置实例对象的位置参数 X 为 0，Y 为 0，宽度为 98，高度为 100，并添加"调整颜色"滤镜，然后在第 2 帧处插入帧来延长画面。"底色"图层的效果、滤镜参数和时间轴如图 14-19 所示。

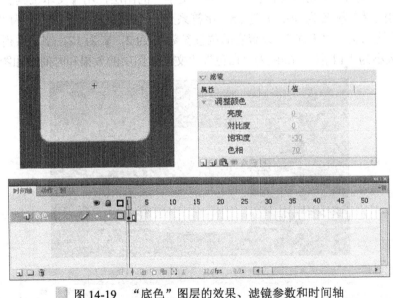

图 14-19 "底色"图层的效果、滤镜参数和时间轴

（6）在"底色"图层上新建一个名为"火焰"的图层，在第 2 帧处插入关键帧，选择【文件】→【导入】→【打开外部库】菜单命令，导入素材中"素材与实例→project14→素材→速写天津"目录下"火焰燃烧.fla"文件的库，将库中的"sprite17"元件拖入到舞台，设置它的位置参数 X 为-1.1，Y 为-21.5，宽度为 189.9，高度为 190。然后在"火焰"图层上新建一个名为"火焰遮罩"的图层，在第 2 帧处插入关键帧，利用【矩形工具】绘制一个与"按钮底"重合的宽度为 98，高度为 100，弧度为 10 的任意颜色的无边线矩形。在"火焰遮罩"

图层上右击，在弹出的快捷菜单中执行【遮罩层】命令，完成遮罩的制作。"火焰遮罩"图层的效果和时间轴如图 14-20 所示。

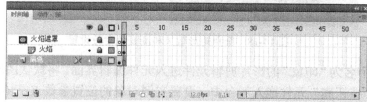

图 14-20   "火焰遮罩"图层的效果和时间轴

（7）在"火焰遮罩"图层上新建一个名为"文字"的图层，用【文本工具】输入文字"印象"，设置它的位置参数 X 为-40，Y 为-35，字符系列为"迷你简柏青"，大小为"38 点"，颜色为"白色"。再输入文字"天津"，设置它的位置参数 X 为 2，Y 为 12，字符系列为"華康圓緣斗雲體(P)"，大小为"14 点"，颜色为"白色"。"文字"图层的效果和时间轴如图 14-21 所示。

图 14-21   "文字"图层的效果和时间轴

（8）在"文字"图层上新建一个名为"白色"的图层，将素材中"素材与实例→project14

→素材→速写天津"目录下的"白色.png"图片导入到舞台。设置它的位置属性 X 为-44，Y
为-45。白色透明效果和时间轴如图 14-22 所示。

图 14-22　白色透明效果和时间轴

（9）在"白色"图层上新建一个名为"as"的图层，在第 1 帧处插入关键帧，右击，在
弹出的快捷菜单中执行【动作】命令，输入脚本代码"stop();"，同样在第 2 帧中也加入脚本
代码"stop();"，用来控制影片剪辑默认状态下不播放动画效果。时间轴如图 14-23 所示。

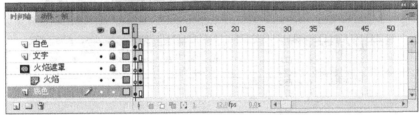

图 14-23　"as"图层的时间轴

（10）利用同样的方法，依次创建出"特色"、"微观"和"展望"3 个影片剪辑元件。
其中"特色"和"展望"两个影片剪辑的"底色"图层滤镜参数亮为度 0，对比度为 0，饱
和度为 0，色相为 145。返回"场景 1"，在"内容区域底色"图层上新建一个名为"导航栏"
的图层，将库中的"印象"、"特色"、"微观"和"展望"4 个影片剪辑元件依次拖入到舞台
的右侧区域中。并将实例对象根据中文拼音缩写依次命名为"yx"、"ts"、"vg"、"zw"，导
航栏效果和时间轴如图 14-24 所示。

（11）新建一个名为"导航按钮"的按钮元件，在"点击"帧上插入关键帧。将库中的
"按钮底"元件拖入到舞台中。返回"场景 1"，在"导航栏"图层上新建一个名为"按钮"
的图层，将库中的"导航按钮"元件分 4 次拖入到舞台中，分别置于"印象"、"特色"、"微
观"和"展望"4 个影片剪辑实例的上面，生成 4 个按钮实例。然后根据按钮覆盖的影片剪

辑实例的名称，依次将按钮实例命名为"but_yx"、"but_ts"、"but_vg"和"but_zw"，"按钮"图层效果和时间轴如图 14-25 所示。

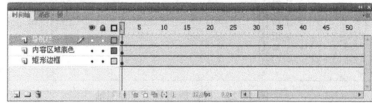

图 14-24　"导航栏"效果和时间轴

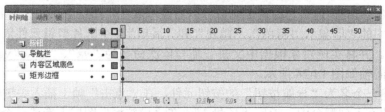

图 14-25　"按钮"图层效果和时间轴

（12）在"按钮"图层上新建一个名为"左侧底图"的图层，将素材中"素材与实例→

project14→素材→速写天津”目录下的“背景.jpg”图片导入到舞台。设置背景图片的位置参数 X 为-66，Y 为-19.6，宽度为267，高度为477.2。在“左侧底图”图层上新建一个名为“旋转”的图层，选择【文件】→【导入】→【打开外部库】菜单命令，导入素材中“素材与实例→project14→素材→速写天津”目录下“旋转.fla”文件的库，将库中的“旋转”元件拖入到舞台，设置它的位置参数 X 为182，Y 为254.4，宽度为492.9，高度为492.9。在“旋转”图层上新建一个名为“遮罩”的图层，利用【矩形工具】绘制一个宽度为126，高度为426，弧度为10的无边线圆角矩形。右击，在弹出的快捷菜单中执行【遮罩层】命令将“遮罩”图层转换为遮罩层，并将“左侧底图”图层和“旋转”图层都置于遮罩范围内，左侧框的遮罩效果和时间轴如图 14-26 所示。

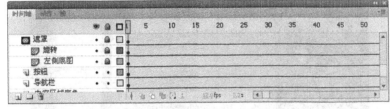

图 14-26　左侧框的遮罩效果和时间轴

（13）在“遮罩”图层上新建一个名为“速写天津”的图层，利用【文本工具】输入文字“速写”，设置它的位置参数 X 为-42.05，Y 为-133.7，字符系列为“迷你简柏青”，颜色为“白色”，段落方向为【垂直，从左向右】。其中“速写”的大小为“80 点”，“{天津}”的大小为“46 点”。文字效果和时间轴如图 14-27 所示。

（14）在“速写天津”图层上新建一个名为“首页”的图层，将素材中“素材与实例→project14→素材→速写天津”目录下的“世纪钟.jpg”图片素材导入到舞台并转换为影片剪辑元件。设置图片的位置参数 X 为 206.85，Y 为-58，宽度为376，高度为564。分别在第31、61 和 91 帧上插入关键帧。在第 1～30 帧之间创建补间动画，将第 30 帧图片中的 Alpha 值改为 0%，再按照同样的方法创建第 30～60 帧之间、第 60～90 帧之间以及第 90～120 帧之间的补间动画。选择“内容区域底色”图层，复制其中的圆角矩形图形，然后在“首页”图层上新建一个名为“首页遮罩”的图层，选择【编辑】→【粘贴到当前位置】菜单命令，生成一个遮罩图形，再右击，在弹出的快捷菜单中执行【遮罩层】命令，制作首页遮罩效果。

首页遮罩效果和动画时间轴如图 14-28 所示。

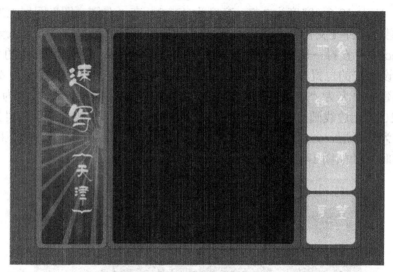

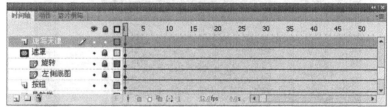

图 14-27　文字效果和时间轴

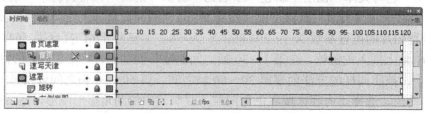

图 14-28　首页遮罩效果和动画时间轴

（15）新建一个名为"Home"的按钮元件，选中"弹起"帧，输入文字"HOME"，设置字符系列为"Arial"，大小为"10 点"，颜色为"灰白色（#CCCCCC）"。在"指针经过"帧插入关键帧，修改颜色为"绿色（#99CC00）"，新建一个图层并在"点击"帧处插入帧，利用【矩形工具】绘制出一个与文字同等大小的矩形图覆盖在文字上。按照同样的方法，创建出"Email"按钮元件。按钮效果和时间轴如图 14-29 所示。

图 14-29　"Home"和"Email 按钮效果和时间轴

（16）在"首页遮罩"图层上新建一个名为"内容底"的图层，将库中的"Home"和"Email"元件拖入舞台并置于舞台下方处，再利用【线条工具】绘制出一条分割线。分别将"Home"和"Email"实例对象命名为"but_home"和"but_email"。按钮位置和时间轴如图 14-30 所示。

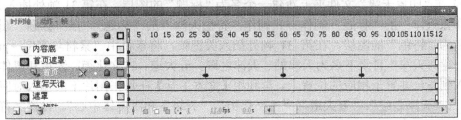

图 14-30　按钮位置和时间轴

（17）在"内容底"图层上新建一个名为"标题"的图层，在第 2 帧处插入关键帧，利用【文本工具】输入文字"印象{天津}"，设置它的位置参数 X 为 240，Y 为 67，字符系列为"迷你简柏青"，大小为"18 点"，颜色为"白色"。再利用【线条工具】绘制一个标记图形和一条分割线，如图 14-31 所示。

图 14-31　文字、标记和分割线效果

（18）在"标题"图层上新建一个名为"印象"的图层，在第 2 帧处插入关键帧，利用【文本工具】输入一段介绍天津的文字，文字内容详见素材中"素材与实例→project14→素材→速写天津"目录下的"印象天津".txt 文件。设置文字为"动态文本"，名称为"InstanceName_0"，位置参数 X 为 242，Y 为 113，宽度为 298，高度为 320，字符系列为"微软雅黑"，大小为"14点"，颜色为"绿色（#99CC00）"。在"印象"图层上新建一个名为"遮内容"的图层，在第 2帧处插入关键帧，利用【矩形工具】绘制一个宽度为 366，高度为 7 的无边线矩形，设置它的位置参数 X 为 211，Y 为 45。在第 30 帧处插入关键帧，修改矩形的高度为 425。在第 2～30 帧之间创建补间形状动画。右击，在弹出的快捷菜单中执行【遮罩层】命令，再将"印象"图层和"标题"图层置于遮罩范围内，清除掉"印象"图层、"标题"图层和"遮内容"图层第 30 帧之后的所有帧。最后创建一个名为"印象天津"的文件夹，将这 3 个图层放入该文件夹中。"印象天津"的内容和时间轴如图 14-32 所示。

（19）在"印象天津"文件夹上新建一个名为"标题"的图层，在第 31 帧处插入关键帧，按照"印象天津"的"标题"制作方式制作"特色天津"的"标题"。在"标题"图层上新建一个名为"特色"的图层，在第 31 帧处插入关键帧，将素材中"素材与实例→project14→素材→速写天津"目录下名为天津站、天津之眼、五大道、古文化街、天塔和奥体中心的图片导入到舞台并置于相应的位置上，再利用【文本工具】在每张图片下面输入对应的文字"天津站"、"天津之眼"、"五大道"、"古文化街"、"天塔"和"奥体中心"。设置字符系列为"微软雅黑"，大小为"12 点"，颜色为"灰白色（#CCCCCC）"。在"特色"图层上新建一个名为"遮内容"的图层，按照"印象天津"文件夹中遮罩层的制作方法制作第 31～60 帧之间的补间形状动画。并将它转换为遮罩层，将"特色"图层和"标题"图层置于遮罩范围内，再清除掉"特色"、"标题"和"遮内容"3 个图层第 60 帧之后的所有帧。最后创建一个名为"特色天津"的文件夹，将 3 个相关图层放入文件夹中。"特色天津"的内容和时间轴如图 14-33 所示。

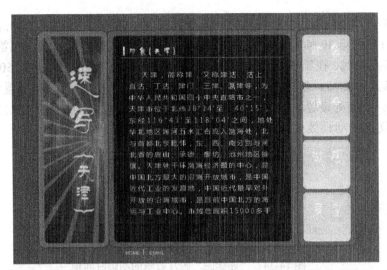

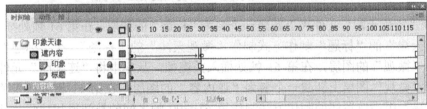

图 14-32　"印象天津"的内容和时间轴

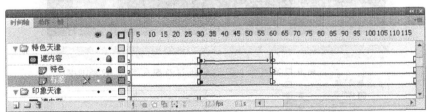

图 14-33　"特色天津"的内容和时间轴

（20）新建一个名为"连续图"的影片剪辑元件，分 5 个图层将素材中"素材与实例→project14→素材→速写天津"目录下的"图 1.jpg"～"图 5.jpg"5 张图片导入到舞台并转换为相应名称的影片剪辑元件。设置它们的位置参数 X 为 0，Y 为 0，宽度为 338，高度为 220.6。
然后在"图层 1"的第 30 帧处插入帧并在第 1～30 帧之间创建补间动画，在第 25 帧处设置
元件 Alpha 值为 100%，在第 30 帧处设置 Alpha 值为 0%。在"图层 2"的第 50 帧处插入帧，
在第 30 帧处插入关键帧。创建第 30～50 帧之间补间动画，在第 45 帧处设置元件 Alpha 值
为 100%，在第 50 帧处设置 Alpha 值为 0%。再按照相同的方法制作其他图层的补间动画，
实现图片淡出切换的动画效果，时间轴如图 14-34 所示。

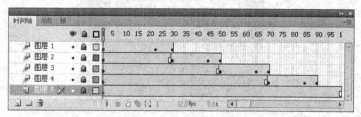

图 14-34   "连续图"影片剪辑的动画时间轴

　　（21）在"特色天津"文件夹上新建一个名为"标题"的图层，在第 61 帧处插入关键帧，
按照"印象天津"的"标题"制作方式制作"微观天津"的"标题"。在"标题"图层上新
建一个名为"微观"的图层，在第 61 帧处插入关键帧，从库中将"连续图"元件拖入到舞
台中央。在"微观"图层上新建一个名为"遮内容"的图层，在第 61 帧处插入关键帧，按
照"印象天津"组中遮罩层的制作方法制作第 61～90 帧之间的补间形状动画。并将它转换
为遮罩层，将"微观"和"标题"两个图层置于遮罩范围内，再清除"微观"、"标题"和"遮
内容" 3 个图层第 90 帧之后的所有帧。最后创建一个名为"微观天津"的文件夹，将 3 个
相关图层放入文件夹中。"微观天津"的内容和时间轴如图 14-35 所示。

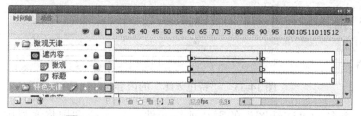

图 14-35   "微观天津"的内容和时间轴

（22）在"微观天津"文件夹上新建一个名为"底色"的图层，在第 91 帧处插入关键帧，用【矩形工具】绘制一个颜色填充类型为"线性"，颜色从左到右为"棕色（#76643D）"和"深棕色（#433523）"，宽度为 366，高度为 425，弧度为 10 的无边线圆角矩形。在"底色"图层上新建一个名为"标题"的图层，在第 91 帧处插入关键帧，按照"印象天津"的"标题"制作方式制作"展望天津"的"标题"。在"标题"图层上新建一个名为"展望"的图层，在第 91 帧处插入关键帧，利用【文本工具】输入的一段文字，文字的具体内容详见素材中"素材与实例→project14→素材→速写天津"目录下的"展望天津.txt"文件。设置字符系列为"微软雅黑"，大小为"9 点"，颜色为"白色"。在"展望"图层上新建一个名为"遮内容"的图层，在第 91 帧处插入关键帧，按照"印象天津"文件夹中遮罩层的制作方法制作第 91～120 帧之间的补间形状动画，并将它转换为遮罩层，将"底色"、"展望"和"标题"3 个图层置于遮罩范围内，最后创建一个名为"展望天津"的文件夹，将 4 个相关图层放入文件夹中。"展望天津"的内容和时间轴如图 14-36 所示。

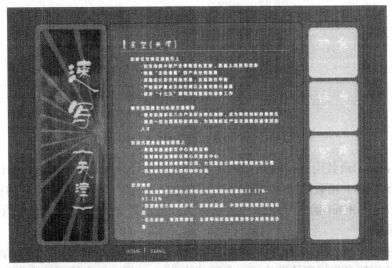

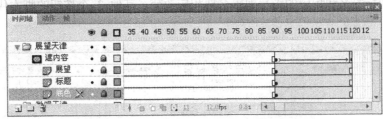

图 14-36 "展望天津"的内容和时间轴

（23）返回"场景 1"，新建一个名为"背景音乐"的图层，将素材中"素材与实例→project14→素材→速写天津"目录下的"summer.mp3"文件导入到库。再选中第 1 帧，将库中的音乐文件拖入到舞台中。在"背景音乐"图层上新建一个名为"帧标签"的图层，依次在第 2、31、61、91 帧处插入关键帧。在"属性"面板中设置这 4 个关键帧的标签名称依次为"yx"、"ts"、"vg"和"zw"，然后在"帧标签"图层上新建一个名为"as"的图层，在第 1、30、60、90 和 120 帧处插入关键帧，并添加脚本代码"stop();"这 3 个图层的时间轴如图 14-37 所示。

（24）选择"按钮"图层中"印象天津"上的按钮，右击，在弹出的快捷菜单中执行【动作】命令，在"脚本编辑界面"中输入控制代码，如图 14-38 所示。

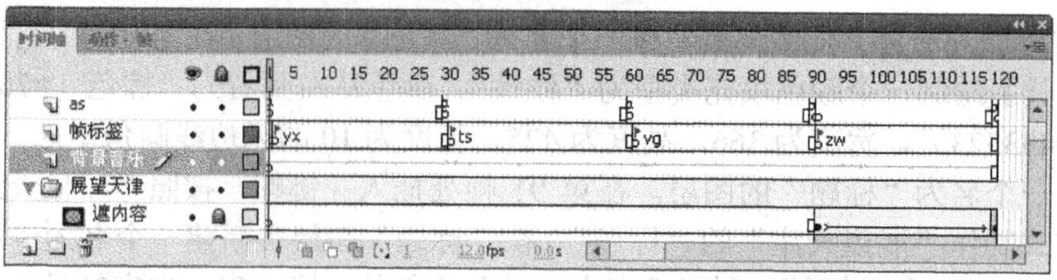

图 14-37　"背景音乐"、"帧标签"和"as"图层的时间轴

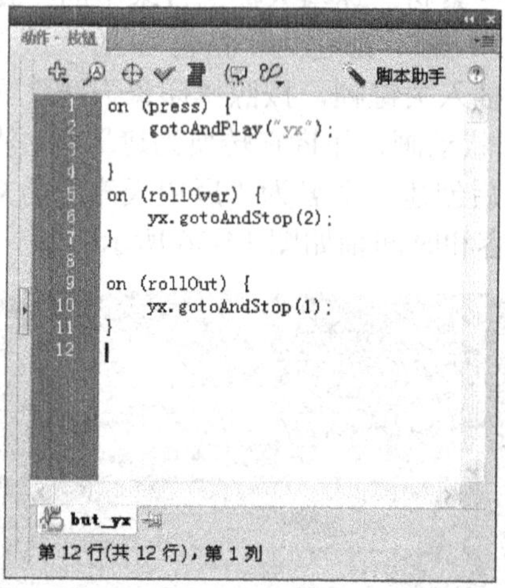

图 14-38　"脚本编辑界面"中的控制代码

其中，on (press)函数用来控制鼠标按下按钮时去执行"yx"帧标签标识的印象天津的动画内容。on (rollOver) 函数用来控制鼠标经过按钮时去执行"yx"影片剪辑的第 2 帧，播放火焰动画，而 on (rollOut)函数则用来控制鼠标离开按钮后去执行"yx"影片剪辑的第 1 帧，不显示火焰动画。

（25）然后按照印象天津按钮的脚本代码为其他 3 个按钮添加脚本，仍然添加的是这 3 个函数，只是播放的标签名和相应的影片剪辑名要相应改变。其他 3 个按钮的脚本代码如图 14-39 所示。

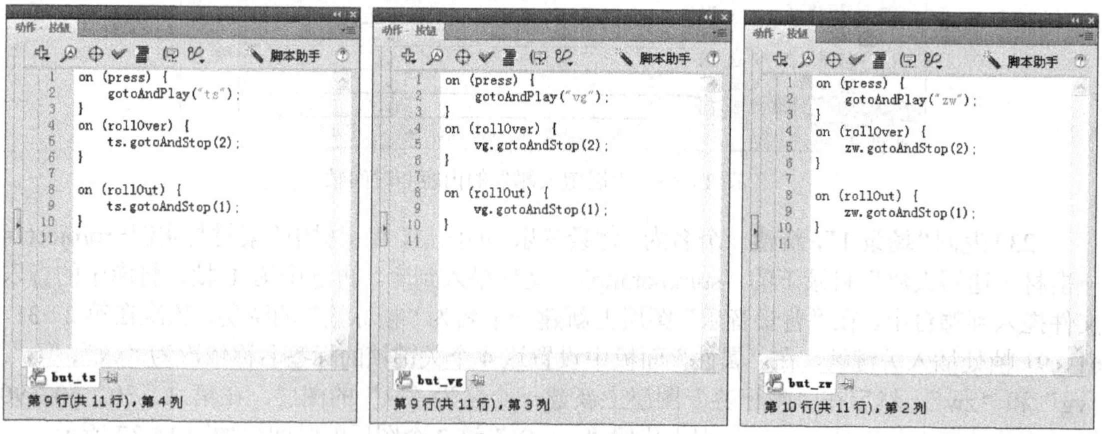

图 14-39　其他 3 个导航按钮的脚本代码

（26）为"Home"按钮添加脚本，让动画返回并停止在第 1 帧。再为"Email"按钮添加脚本，可以链接发送 Email 邮件。具体脚本代码如图 14-40 所示。

图 14-40　"Home"和"Email"按钮的脚本代码